Lazy Ant
懒蚂蚁

U0190712

微百科系列 · 第二季

引力波

探索宇宙奥秘的时空涟漪

GRAVITATIONAL WAVES

How Einstein's Spacetime Ripples Reveal the Secrets of the Universe

[英] 布赖恩 · 克莱格 著

李 琳 译

重庆大学出版社

献给

吉莉安、切尔西和丽贝卡

大事记

1846 年，法拉第发表了《光线振动的思考》的演讲，他在演讲中推测，引力可能涉及某种行波。

1916 年，作为广义相对论的成果，爱因斯坦写下了他的第一篇关于引力波的论文。

1918 年，爱因斯坦发表了（关于引力波的）第二篇论文，纠正了第一篇论文中的一个错误。

1922 年，亚瑟·爱丁顿（Arthur Eddington）提出爱因斯坦的引力波是构建在数学运算上的一种想象。

1936 年，爱因斯坦写信告诉马克斯·玻恩（Max Born），他在与纳森·罗森（Nathan Rosen）合作后，不再相信引力波的存在。

1937 年，爱因斯坦在对他与罗森的论文进行更正后，重新表明存在引力波，但他认为这种时空的涟漪太弱了，永远无法被探测到。

1955 年，约瑟夫·韦伯（Joseph Weber）与约翰·惠勒（John Wheeler）在普林斯顿高等研究院研究引力辐射。

1957 年，理查德·费曼（Richard Feynman）证明了引力波可以做功，因此可以被探测到。

1958—1960 年，韦伯开始建造共振棒试图探测引力波。

1962 年，米哈伊尔·格森施泰因（Mikhail Gertsenshtein）和弗拉迪斯拉夫·普斯托沃伊特（Vladislav Pustovoit）发表了第一篇关于干涉仪在引力波探测中的理论应用的论文。

1967 年，雷纳·韦斯设计出了第一个实用的引力波干涉仪。

1968 年，基普·索恩开始了引力波探测的理论研究。

1969 年，韦伯宣称首次发现引力波。

1972 年，一个基于韦伯传感器技术原理的探测器搭乘阿波罗 17 号前往月球。

1974 年，韦伯的发现基本被推翻。

1974 年，基于引力波对轨道衰变的影响，赫尔斯（Hulse）和泰勒（Taylor）间接观测到了引力波。

1975 年，德国 / 英国团队在德国加兴建造了带有 3 米长臂的原型干涉仪。

1980 年，美国大型干涉仪规划获得资助。

1981 年，美国加州理工学院建造了臂长 40 米的干涉仪原型。

1986 年，LIGO（The Laser Interferometer Gravitational Wave Observatory，激光干涉仪引力波天文台）项目第一个统一项目总

监罗克斯·沃格特（Rochus Vogt）上任。

1991 年，LIGO 获得了第一笔主要项目资金。

1994 年，美国汉福德天文台破土动工。

1995 年，美国利文斯顿天文台破土动工。

1995 年，欧洲 GEO600 探测器开始工作。

2002 年，初代 LIGO 投入使用并运行到 2010 年，未检测到引力波。

2005 年，黑洞相互作用及产生的波的可用模型被开发出来。

2006 年，GEO600 达到预期灵敏度，未检测到引力波。

2014 年，BICEP 2 项目组声称已检测到宇宙微波背景辐射中的引力波，后撤回该声明。

2015 年，升级版 LIGO 上线。

2015 年 9 月 14 日，人类首次直接探测到引力波信号。

2016 年 2 月 11 日，LIGO 公布第一次探测到引力波。

2017 年 6 月 1 日，LIGO 公布具有高置信度的第三次引力波探测事件。

目录

1

发现引力波

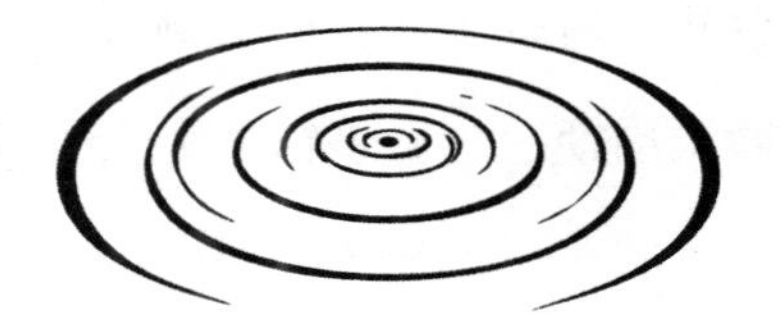

▶▶▶

重大科学项目的科研人员有时会获得公众的盛赞。当实时科学运行数据公布并被同行科学家仔细验证后，这些科研人员费尽心力和时间取得的成果就会转化为公共财富，被世界各国媒体竞相报道。但是在 2015 年 9 月 14 日以前，LIGO 团队，也就是激光干涉仪引力波天文台的科研人员，从未有这样的期望，没人想到 50 年来毫无成果的工作即将以一种意想不到的方式得到回报。

这项大规模的 LIGO 实验覆盖了美国两个广阔的站点，正在进行一项工程运行，并得到了世界各地 1000 多名科学家的支持。这是引力波天文台几天后投入运行前的例行技术测试。这是第八个也是最后一个微调周期，之后事情才会变得有趣。在美国东部标准时间上午 7 点左右——正是英国时间的正午——第一封电子邮件已经发送给了感兴趣的各方，这标志着天文学自引入望远镜以来最大的变化的开始。

这一天，我们对宇宙的认识实现了飞跃。

重力探测

把 LIGO 称为天文台似乎过于轻描淡写了，但实际上它却是如此。LIGO 包括两个相距 3000 千米（约 1864 英里）的巨大场地，这两个近乎相同的设施，一个在路易斯安那州的利文斯顿，另一个在华盛顿州的汉福德。两个场地都有一对 4 千米（约 2.5 英里）长的管子，直径 1.2 米，彼此成直角形成 L 形，激光沿着这对管子通过，在光束聚集形成光学干涉图样之前，多次被端部的镜子反射形成一组微小的干涉条纹，干涉条纹边缘极其微小的变化都可以被观察到。光束长度最微小的变化也会被探测到，而这种变化应是在存在引力波的情况下发生的。1916 年，阿尔伯特·爱因斯坦（Albert Einstein）曾预测过空间和时间结构中的涟漪，但从未被检测到。

这两个巨大的孪生系统，包括那些 4 千米长的金属管，其中几乎没有空气。空气分子的振动会散射激光束，将“噪声”引入监测的信号中。任何声音振动和气流冲击对悬挂于管端部的反射镜而言，都会影响其反射激光束。这些管道内的压力是大气层的万亿分之一，这需要连续抽气 40 天，在此期间，管道需要加热到 150 ℃以上才能从金属表面排出尽可能多的气体。

仅仅是为抽空管道做好准备就花了极大的心思，在美国偏远地区安置精密设备也有很大的难度。这些管道很大，需要较长的时间建造，在此期间当地的野生动物都在此安了家。在利文斯顿当一位工作人员走过几近完工的管道时，他在管道内发现了黄蜂、黑寡妇蜘蛛、老鼠和蛇。这意味着它们含酸的尿液会在纯净的不

路易斯安那州利文斯顿探测站

加州理工学院 / 麻省理工学院 /LIGO 实验室

华盛顿州汉福德探测站

加州理工学院 / 麻省理工学院 /LIGO 实验室

锈钢上留下污点，当空气被抽干时，这些污渍会释放出蒸气，因此在管道实现真空环境之前需要进行大量的清洁工作（一旦涉及酸，“不锈钢”就不会再“不锈”）。

尽管操作管内真空度很高，但它们的金属壁只有3毫米厚。如果没有沿着操作管设置的密集加强环，外部气压就会压碎它们。每根管子的外部都是用混凝土包裹住的，这样做不是为了做真空防护，而是为了缓冲外部冲击。这就好比一辆警车在夜间撞上汉福德天文台的一根管子，司机手臂骨折，但管子却完好无损。若空气涌入受损的管子中后果将是灾难性的，由此产生的空气爆炸会摧毁大部分探测系统，造成价值数百万美元的损失。

由于长臂延伸出较长的距离，它们的支撑物必须随其长度逐渐增加高度以适应地球的曲率。从其一端到另一端有超过一米的高度差，人们需要保持管子完全笔直。而这只是确保探测器正常工作要考虑的一个小问题，另一个更大的问题是振动。

为了应对环境中不可避免的振动，LIGO拥有一整套的实时反馈系统，用于监控各个部件的位置，并对机臂和其他部件进行微小的调整来应对变化。该系统可实现每分钟监控位置983 000次，平均每0.000 061秒一次。“隔震平台”处理的振动是比LIGO日常检测到的波级大100万倍左右的较大振动。其他的防震措施是通过悬挂系统实现的，这些悬挂系统用于防止LIGO的反射镜由于引力波以外的原因而移动。它们使用四个独立的钟摆悬架来抑制晃动，将镜子悬挂在只有人类头发直径两倍的玻璃纤维上，保持 40 千克的“测试质量”镜[1]尽可能的稳定。

LIGO 的一个测试质量镜安装在其四悬架系统中。通过四根石英玻璃纤维将重达 40 千克的测试镜悬挂在金属框架下方。

加州理工学院 / 麻省理工学院 /LIGO 实验室

1 LIGO 反射镜被称为“测试质量”镜，因为在检测中会用到引力波对其质量的影响的数据。

一切照旧

在 2015 年 9 月的工程运行期间，LIGO 的所有探测系统都处于运行状态，系统校准了光束并测试系统的功能，一切照旧，没人想过在引力波的探测上能取得突破性的成就。50 多年来，科学家一直在寻找由遥远的宇宙活动引起的空间和时间上的微小扭曲，而这将为天文学家对宇宙的研究提供一种全新的方法，但他们至今还未取得过任何成果。有些人甚至提出，除非我们能在太空中建立一个天文台，否则就不可能探测到引力波，因为天文台所在地发生的最微小的地震就足以把地球上最精密的仪器弄“糊涂”。但就目前而言，这些担忧都暂时被搁置在一旁。这次运行只是为了确保现行的技术和设备能正常运作，并未期望能检测到难以捉摸的引力波。

然而，这并不意味着天文台的工作是不正常的。与传统望远镜有穹顶和百叶窗可以阻止光线进入不同，要知道没有任何东西是可以阻止引力波通过的。引力波可能非常微弱、难以探测，但没有什么能阻止它们在整个宇宙中穿行。9 月 14 日，LIGO 合作组织的成员们收到了一封电子邮件：一件意想不到的事件发生了。

我们虽然仍倾向于认为天文学家是直接通过望远镜进行观察的，但即使是最传统的光学观测站，现在也是自动化的，而进行观测的人遍布世界各地。事实上，引力波观测站并不是要直接观察天空中的某些东西，而是要精确识别来自仪器数据流中的细微变化。9月14日，为数不多的首批邮件中强调，这种科学观测在很大程度上不再需要现场观测者。虽然仍有人驻扎在汉福德和利文斯顿天文台，但他们大多是工程师，负责设备的日常运行。最早的电子邮件评论来自汉诺威、墨尔本、巴黎和佛罗里达的引力物理学家，其中佛罗里达是唯一一个美国的城市（这个城市大部分的引力研究仍处于停止状态），而且这些城市都远离探测器。

曾有一段时间，像这样的数据必须通过肉眼进行搜索，通常是让研究生们夜以继日一页一页地研究着电脑打印出的资料，与一串串令人头脑发晕的数字作斗争。但是，现在计算机就能够完成大部分初始筛选的工作。系统会寻找一些特定的只有引力波才能产生的信号。但是，9月14日报道该事件的系统相干波管线（cWB）没有这样的预设任务，它只是在寻找两个站点记录下来的几乎同时爆发的活动。但就在cWB工作期间，利文斯顿收到了强烈的波信号，7毫秒之后在汉福德也记录到了相同信号。

事件警报

应对此次警报的第一反应是检查硬件注入。在工程运行期间，通常是利用人工信号来测试两个站点的检测系统是否接收到了讯息。但是在探测期间并没有人为干预的计划。

这并不意味着这次就是真实地观测到了引力波，人们仍然需要进行各种调查来证实引力波的存在。毕竟，这次并不是观测运行，在对系统进行微调时，系统中可能会出现许多奇怪的情况。这很有可能是两个天文台监测到的大规模地震振动的记录，甚至也可能是分别的两次振动碰巧发生在同一时间。LIGO 团队始终认为仍存在人为注入假数据的可能性。

科学家们确认目前没有计划进行常规硬件注入，所监测到的仍然可能是人为事件，并且是在没有科学家在场的情况下被故意触发的。这种“盲注入”对 LIGO 团队的复杂仪器的操作影响重大。他们不允许所涉及的人由于自己的偏见和欲望影响他们对结果的客观解释。毕竟，他们所观察的是不断变化的数据流中的简单变量。因为在科学家们对事件进行全面分析之前，无法确认事件的真假，故如何对这些数据进行解读至关重要，而他们也不能被自己一厢情愿的想法左右。

LIGO 团队曾在以前的操作中测试过“盲注入”，有两次甚至让人们以为探测到了引力波，但当真实情况被揭晓时，人们的期望被碾压得粉碎。理论上，在工程运行期间不需要假数据，因为没有人拿这期间的数据当真，因此 9 月 14 日出现的数据不大可能是引力波，不过科学家们也无法断定。

在接下来的两天里，人们的兴奋之情与日俱增。这一事件有可能不仅能证实引力波的存在，而且还提供了另外一项重大发现。没有人预料到引力波在数据流中如此明显，这些信号如此清晰以至于如果这是真正的探测，那他们不仅发现了引力波，而且还首次直接探测到了黑洞。在这种情况下，团队肯定在盯着诺贝尔奖，更重要的是，他们将以一种前所未有的方式开启探索宇宙奥秘的第一步。即使是这样，仍有一些人认为他们的工作毫无意义，因为那些人认为 LIGO 不够灵敏。事实上，他们真的处在科学的前沿。然而，要想将细节公之于众，还需数月，在这段时间里，团队不得不对其他同事撒谎，并反复试图平息这些在科学界四处传播的谣言。引力波天文学的倒计时开始了。

在我们详细了解 LIGO 的发现之前，我们需要做一些基础工作。我们将看到爱因斯坦是如何在早于这项发现一个世纪就能准确地预测到引力波的存在的（一个巧合会让一些人怀疑整个事情是否是一个骗局）。我们将揭露早期尝试使用巨大的金属棒探测引力波的争议，探索除了管理有方之外，LIGO 实现宇宙探索突破的原因，并发现涉及黑洞和中子星的备受关注的宇宙学事件，这些事件使引力波探测成为可能。

首先，我们应该整理出整个发现最基本的方面。这一切都是关于引力波，但是我们所说“波”到底是什么意思呢？

2

什么是波？

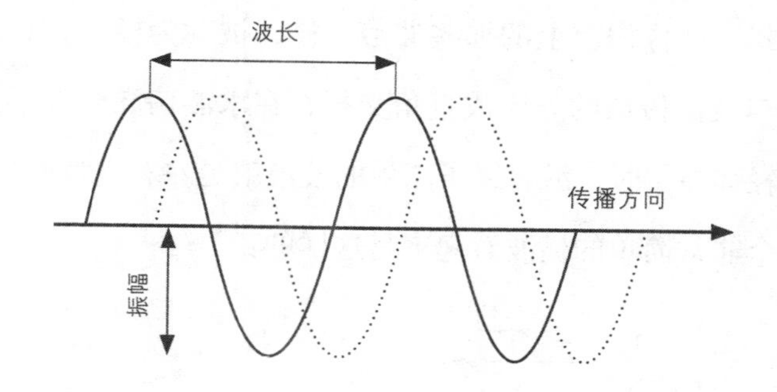

▶▶▶

每个人都遇到过波浪，如果你把一块石头扔进池塘，你会看到水面上的涟漪；当巨大的海浪撞到海滩上，有时会产生毁灭性的力量。但要了解引力波的奥秘，我们需要从具体的例子中后退一步，了解表象之下发生的事情。

波的解剖

最基本的是，波是物质运动的一种形式，具有周期性。最常见的形式，就像海滩上的那些波浪一样，被称为横波，它们的循环运动与波浪传播的方向成直角交替，在水波荡漾时上下波动。在我们轻弹绳子时，沿着绳子产生的波浪就是左右交替的。

一个非常简单的横波看起来是这样的：

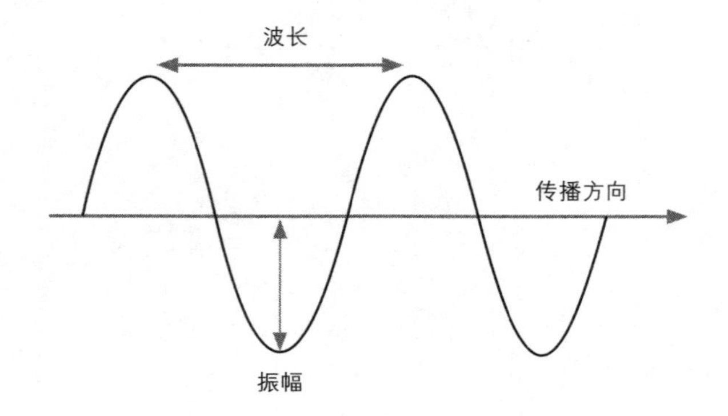

横波从左向右移动，波的一个完整周期所覆盖的距离称为波长，一秒钟内发生的这种变化的周期数就是它的频率。波的运动都需要“介质”，尽管在某些情况下，例如光，该介质的性质并不是十分明显。而海浪的运动，它的介质就是水。一种常见的误解认为是水在向前移动，或介质在移动，但实际上是波在移动。想象一下沿体育场观众席移动的墨西哥人浪（墨西哥人浪是一种横波，因为运动的周期是上下运动，而波是以与该方向成直角的方式绕着体育场传播）。这里的“介质”是众多上下运动的观众，但是他们只在座位上上下运动，没有产生横移，只有波会在观众席上移动。

波的另一种常见形式是纵波或压缩波。也许人们最熟悉的纵波就是声音，或者是那种你通过快速往下按压弹簧的一端，弹簧迅速弹起而形成的波。这里的循环运动不是与波传播的方向成直角，而是在相同的方向上来回运动。成直角行进对声波来说是行不通的，因为声波会穿过介质——空气。如果声波要与空气共同前进，它会在与其他空气分子的战斗中很快失去能量。横波通常沿着介质的边缘传播，例如，当波穿过水面时。对于纵波来说，规则的运动周期与波前进的方向相同，而不是成直角。介质就像手风琴一样被反复挤压和放松。

简单的纵波如下图所示：

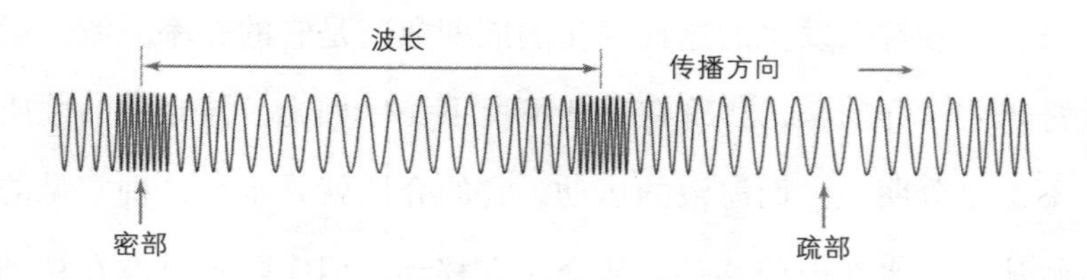

当你和某人说话时，你的声带开始在空气中产生一个压缩波，它从你的嘴里扩散出来，直到那些压缩和扩张的声音到达听者的耳朵。在那里，它们振动耳朵里的毛发结构，产生听觉。但是你和听者之间的联系是穿过空气的纵波。

波是自然界中非常常见的物质。除了波浪和声波，我们还发现了其他形式的波，例如，由于地震而在地面上传播的波。可能有人教导你们光是一种波，但是对这个例子我们必须更加严谨，光当然可以起到波的作用，但是要确定它到底是什么就有点困难了。然而，深入了解光是值得的，因为它是当今几乎所有天文学的基础，是引力波有潜力去改变的学科。

模型波

几个世纪以来，关于光的性质一直存在争论。我们虽然对它很熟悉，但是它又是无形的，很难确定它的性质。一些早期的科学家，如艾萨克·牛顿，认为光是由粒子流组成的，这对天文学家来说很有意义。一股粒子流可以穿过真空的空间被我们的眼睛和望远镜观察到，但是当时的人认为光波无法穿过真空，因为没有介质。尽管如此，仍然有人坚信光是波，比如与牛顿同时代的克里斯蒂安·惠更斯。随着时间的推移，光波理论越来越强大，尤其是人们观察到光表现出一种叫作“干扰”的常见波动行为后，而这个发现在引力波理论中非常重要。

想象一下同时把两块石头从相距几厘米的地方扔进一个静止的池塘里，石头扔下产生的涟漪，也就是波浪，将从石头撞击水

水中的干涉图案（示意图）

的两个位置向外延伸直到这些波浪相遇。当两个波浪同时向同一方向（向上或向下）波动时，水面上会有一系列的点。在这里，波浪会互相强化逐渐变得更强。在表面上的其他点，波浪一直都沿相反（垂直）方向波动起伏，作用力相互抵消，最后留下相对静止的水。这种在水面上产生独特图案的效应称为干涉。

1801 年，英国科学家和博学者托马斯·杨（Thomas Young）表示，光的传播方式与那些水中涟漪的扩散形式完全相同，这显然证明了光也是一种波。当两束光穿过相邻的狭缝并且发生重叠时，明暗条纹的交叠会形成干涉图案。但是有一个问题：正如我们所知，与声音的传播不同，在真空环境中，即使光波不能让其他介质发生振动，但还是可以传播，那么它究竟是如何传播的呢？

最初，唯一可能的解释是在空间中有某种看不见也无法检测的物质，这种物质被称为以太（ether）。但这一定是一种非常奇特的物质，它是如此微弱以至于我们无法直接检测到它，但它又如此富有能量以至于光能以较低的损耗传播到很远的距离而不会消失。著名的苏格兰物理学家詹姆斯·克拉克·麦克斯韦（James Clerk Maxwell）在 19 世纪 60 年代早期提出光是电和磁之间的相互作用。理论上说，电波可以产生电磁波，电磁波又进而可以衍生电波，如此循环往复，因此光波可以在真空中传播而不需要任何介质，这说明电磁场起到了介质的作用。

这是20世纪初的理论，然而，量子理论在维多利亚时代横空出世，证伪了许多科学假说。马克斯·普朗克、阿尔伯特·爱因斯坦、尼尔斯·玻尔等人的研究表明，光似乎既是波又是一种粒子流。虽然从许多方面来说，把光看作一种波似乎是理所应当的，但是如果把光看作一种粒子流，就可以解释更多的现象。正如伟大的美国物理学家理查德·费曼后来所说的那样："知道光也有粒子形式是非常重要的，尤其是对于那些已经接受过教育的人来说，他们可能认为光只是一种波，但是现在他们需要知道光波的运动方式也是像粒子的。"

如果今天你问物理学家什么是光，他们很可能会说它是量子场中的激发态行波。这也是光的一个有意义的类比，尽管这些描述都没有真正地说明光的本质，但这并不是说这些描述是错误的，它们都只是一种类比。光既不是波，也不是粒子流，更不是量子场中的扰动，它就是光。这些都只是在特定的情况下，为了更好地理解光是什么而赋予它的解释，可称之为科学"模型"。它不是对客观现实的描述，而是一种描述现实的方式，以帮助我们做出有效的科学预测。

所以，我们可以说光像波，但并不是波。这就与引力波相反，引力波如果存在，那么它实际上就是一种波。此时，建立一个模型就非常有用，因为我们很少能完美地探知大自然，我们必须利用可以定性定量测量的标准，并据此建立一个模型来描述它的行为。从对引力波的描述中，我们可以学习到的是光给了我们一种途径让我们有机会可以去了解宇宙中离我们很遥远的地方。因为在不与外界物质相互作用的情况下，光可以持续传播。在太空中，光已经穿行了数十亿年，这使我们可以研究宇宙中不同的部分，并且我们还可以看到宇宙过去的样子。光到达我们能检测到的范围需要时间，所以它从越远的地方传播过来，我们能探知的宇宙历史就越久远。

然而，光也有一些局限性，在传播过程中，它可能会被其他物质阻挡或者吸收。除了像恒星和行星这样的大型物体，太空中也有大量的尘埃，这些尘埃会阻碍我们获得良好的视野。更糟糕的是，我们认为宇宙只有在大约 38 万岁时，才是透明，这是我们能看到的极限了。光波可以被阻挡，但是引力波不会，所以如果我们能探测到引力波，它就可以帮助我们填补天文领域的空白。

为了理解引力波，重要的是既要了解关于波的基础知识，也要了解解释引力波的模型，就像我们理解光，要了解光波模型一样。我们就是基于一个模型对引力波进行预测的，这个模型就是爱因斯坦的广义相对论，它是我们解释引力现象的一个出色的数学模型。

引力

引力是自然界中最微妙也是最微弱的一种力量，这听起来有一些难以置信。引力看起来似乎很强大，如果我们用磁铁吸起一个别针，整个地球都在引力的作用下把别针往下拉，而小小的磁铁则用另一种自然的力量——电磁力把它拉了起来，最后磁铁赢了。我们知道，有一种力量把我们牢牢地牵引在地球上，阻止我们漂浮到太空中。当我们在地面上扔东西时，会有一种力量使物体向地球表面加速。有一种力量可以使月球绕地球运行，让地球绕太阳运行。这种力量就是我们所说的引力。

早在 2400 年前，古希腊人认为我们周围的一切都是由四种元素组成的，即土、气、火和水。每一种都有自然倾向，其中气和火有浮力，这使它们倾向于远离宇宙的中心，换句话说就是远离地球。相比之下，土和水有引力，这使它们想要走向宇宙的中心，其实“想要”这个词不太恰当，古希腊人并不认为这些元素是有意识的，相反，他们认为它们只有自然的倾向，就像树木向上生长和水向低处流一样。

古希腊人对引力如此感兴趣也不足为奇，毕竟这是一种永远伴随我们的力量，影响着我们的日常生活。古希腊人不知道的是引力对我们到底有多重要——不仅仅是让我们牢牢地站在地上。没有引力就没有地球、恒星或星系，在很长一段时间内气体和尘埃分散在太空中，正是因为引力的拉动，它们聚集在一起就形成像我们太阳系一样的恒星系。引力不仅导致了太阳和地球的形成，也为太阳提供动力，压缩了大量的氢离子，使它们经历核聚变反应，产生热和光，让我们得以生存。

古希腊人对引力的思考方式一直延续到了16世纪，那时，因为与实际观察到的东西非常不吻合，他们的想法受到了挑战。因为人们认为引力（和浮力）会影响那四个元素，所以假设地球由四个同心球体组成，最里面的是土，因为它最容易受到引力的影响，然后是水、空气，最后是火。那么即使是普通人也能发现这个模型存在的问题，那就是以泥土为主的所有的固体物质会完全被水包围，这样就没有陆地了。

为了解决这个问题，科学家们对模型进行了调整，他们假设由于某种原因地球的球体偏离中心，因此它的一部分高于水面。但是，人们发现了新大陆，这种说法就站不住脚了，因为很明显这不是欧洲大陆的一部分。跨大西洋航行的发现就像一个早期的科学实验，他们测试了引力/浮力驱动元素的理论并发现它的不足。当如伽利略般有丰富想象力的人们开始思考引力的影响时，这就是一片有待开垦的肥沃的土壤。

引力使物体落下

就像想到牛顿和落下的苹果一样，我们也会经常想到伽利略和从比萨斜塔上扔下的球。和牛顿的故事一样，许多人认为这只是一个传说。因为伽利略从不羞于向外界宣传他的工作，但他从未提到过比萨斜塔实验。现在能找到唯一提及此事的书是他的一位助手晚年时所写，所以很有可能它从来没有发生过。这种怀疑并不奇怪，因为当球撞到地面时进行测量并不容易。而且，伽利略研究引力的方法还受到一定的限制，因为涉及了钟摆和斜面。

伽利略的另一个广为流传的故事是他在比萨大教堂的仪式上，看着一个巨大的吊灯左右摇摆时（顺便说一下，这个故事和落球故事是由同一个人讲的，所以它也可能是杜撰的），对布道感到厌烦的伽利略开始用他的脉搏作为计时器来记录吊灯摆动的频率。令他惊讶的是，他发现钟摆的摆动幅度无论大小，所花的时间都是一样。事实上，鉴于钟摆对时钟的重要性，这是一个相当重要的观察。

你可能想知道钟摆与下坠和引力的关系，因为涉及第二种力，所以这其实是一种更复杂的下坠。当钟摆的一端落向地面，这时候绳子的拉力连接到安装点，另一种力将钟摆从下坠力中拉走。伽利略对引力进行了进一步更详细的研究，通过将不同重量的球滚下斜坡，并最大限度地减少摩擦力，他发现加速度与质量无关。

同样，斜坡上的球还有第二个力，但这个力在计算中可以忽略不计，在倾斜的平面上对球进行计时和监控要比试图在球落下时跟踪记录它们容易得多。然而，最戏剧性的是，伽利略提出的均匀重力加速度理论的直接证明是1971年阿波罗15号宇航员大卫·斯科特在月球上完成的，他同时扔下了一把锤子和一根羽毛，在没有空气阻力的情况下，两者一同落下（虽然要比在地球上慢得多）。

在伽利略1642年去世后的第二年，牛顿诞生了，而他是最能让我们联想到引力的人。

牛顿先生的模型

牛顿与苹果树的故事比伽利略关于斜塔的故事稍微可信一些，因为牛顿确实亲自讲述过这个故事。以下是历史学家威廉·斯图克利（William Stukeley）对与牛顿的一次对话的描述：

> 晚饭后，天气很暖和，我们俩走进花园，在苹果树下喝茶。在谈话中，他告诉我，有一天他跟平常一样坐在树下，但引力的概念突然进入他的脑海：为什么苹果总是垂直地落在地上。正当他陷入沉思时，一个苹果掉了下来。

这段话似乎足以让人们在脑海中构想出牛顿与苹果的画面，但从这一点到引力保持行星绕轨道运行的想法之间还需要进一步的思想飞跃。斯图克利继续描述了从苹果到万有引力的思维链。

> 为什么它不侧向落下，或者向上？而是去地球中心？可以肯定的原因是，是地球吸引了它，物质中一定有一种吸引力。地球物质的引力之和肯定在地心，而不是在地球的任何一侧。因此，这个苹果是垂直落下，朝向地心的。如果物质间互相吸引，它肯定与数量成比例。因此，就像地球吸引苹果一样，苹果也吸引地球。

你可以在牛顿的老家，位于林肯郡的伍尔斯索普庄园里，看到这一棵有400年历史的，品种为肯特之花的苹果树。这个故事仍然有相当大的疑问，因为牛顿在事件发生很久之后才讲述了这个故事，而且他关于引力的研究大部分是在他离开林肯郡多年后完成的。但苹果从树上掉下是他最初的灵感来源，这是完全有可能的。

在他的杰作《自然哲学的数学原理》（1687年）中，牛顿用数学原理阐述了使行星绕轨道运行和使我们站在地球上的力量，尽管这种数学解释风格晦涩难懂，并带有许多不必要的几何形状（而伽利略用的是一种舒适的散文风格）。牛顿还开发了一个非常简单的引力模型。这个模型展现了物质之间相互吸引的特征。

他认为，物体中相互吸引的物质越多越大，它们相互吸引的力量就越大，这个力随着物体之间距离的拉大而变小。

这就是牛顿引力定律。通过这个模型你可以计算出为什么地球要绕太阳运行，或者苹果为什么会从高处落下（需要借助一点微积分知识来进行计算）。唯一麻烦的是牛顿不知道这种引力是如何起作用的，他的模型很简单："物质之间有吸引力，我们不必费心去想为什么。"

牛顿写下"hypotheses non fingo"（他在工作中使用拉丁语），意思是"我没有提出任何假设"，这样他就不必对此过多解释。他的吸引力模型在当时引起了相当大的轰动，因为"吸引力"这个词当时只用来形容很有魅力的人，改用于行星和物体坠落时似乎有些奇怪。牛顿为此遭到无情的嘲笑。他的引力，这种遥远的吸引力，被认为是一种很神秘的超自然的力量。

尽管他的对手们虚张声势，但他们不得不承认牛顿的数学原理非常出色。它预言了物体如何坠落，天体如何绕轨道运行，牛顿用一个普遍的宇宙法则将天地联系在一起。

尽管牛顿并不承认，但他确实对引力的运行原理做过假设。因为他不想蹚这浑水，所以他并没有在书中对此事进行讨论。他怀疑有一股强烈的粒子流在宇宙中向四面八方移动，如果一个天体（比如太阳）阻挡了某个方向上的粒子流，那个方向上的另一个天体（比如地球）就会感受到朝向太阳的方向有更大的压力，结果就是它会被推向太阳，让人以为这就是吸引力。这个模型存在问题，在其最基本的形式中显示引力取决于物体的大小，而不是它们的质量，但这是牛顿能想到的最完美的假设。

牛顿关于引力的数学原理非常出色，它足以把人送上月球。但这并不完全正确，而正是从牛顿手中夺走“有史以来最著名的科学家”称号的阿尔伯特·爱因斯坦证明了为什么会出现这种情况，并永远解决了这个神秘又遥远的吸引力问题。在 20 世纪初，爱因斯坦开发了一个具有数学结构的引力模型来描述引力的作用，这最终导致了他对引力波存在的预测。

3

爱因斯坦的宝贝

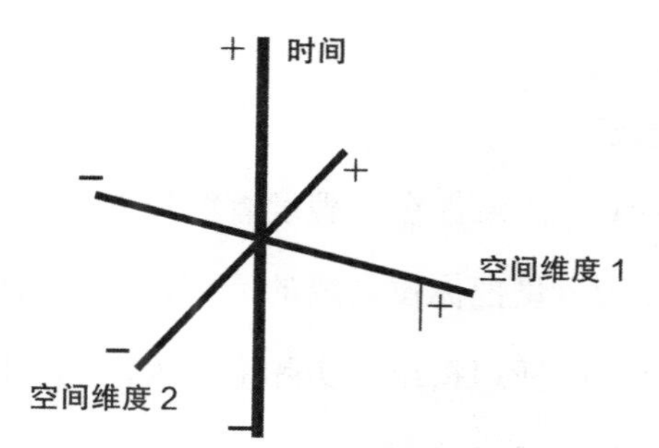

►►►

1907 年，爱因斯坦在瑞士开始了对引力的研究，研究成果就是广义相对论，在他获得第一次学术任命之前，他一直在瑞士工作。众所周知，爱因斯坦说他“最快乐的想法”产生于此：“我正坐在伯尔尼专利局的椅子上，一个想法突然出现在我脑海中。如果一个人自由落下，那么他将不会感觉到自己的重量。我被这种想法吓了一跳。”通过想到有人坠落，例如在下降的电梯中，爱因斯坦意识到这个人将无法区分加速度和引力的拉力。通过对其数学含义进行研究，他发现空间和时间的扭曲可以产生引力。

最快乐的想法

想象一下，如果你在一艘没有窗户的宇宙飞船上，你感觉到有一股持续的力量把你拉向船的后部，和飞船被竖立于地面时的感觉一样。爱因斯坦指出，实际上，人们无法区分静坐不动时感受到的地心引力和飞机起飞时由于持续加速所产生的拉力，它们给人的感觉是一样的。

一个加速运动的物体，会对在其内部空间运动的物体产生一种奇怪的影响。想象一下，我们在一艘在太空中平稳飞行的宇宙飞船中，我们在船上把球从一边扔向另一边，球的运动路径会是一条直线，因为球和船都在以相同的速度向前移动。但是如果船加速飞行，那么球的运动路径就会发生弯曲，因为船的飞行速度加快了。当把宇宙飞船当成参考系时，直线路径已经变成弯曲路径了。同样，爱因斯坦推断，空间中的直线路径会因为引力而弯曲。

太阳和地球扭曲了时空
T. Pyle/Caltech/MIT/LIGO 实验室

通常我们使用一个橡胶板来构建重力空间翘曲模型。想象一下，一块平整的橡胶板，上面有一条直线穿过，这条线代表一束光或行星在太空中的运动路径。现在我们在橡胶板上放一个保龄球，当球在板上压出压痕时，橡胶板会变形。再看看那条线，它会绕过球并发生弯曲。因此，即使地球在空间中沿直线运行，但由于空间是弯曲的，它实际会绕着太阳运行。这是一个简单但令人震惊的发现，行星是以直线运动的，确实没有任何外力把它们拉进轨道，只是它们的直线路径在太空中被扭曲了。

这是一个非常了不起的发现，但这并不能解释牛顿的苹果为什么会掉下来。一开始苹果根本不会掉下来，那么为什么改变空间的形状会让它掉下来呢？神奇的答案是，巨大的物体不仅扭曲了空间，而且扭曲了时间。在爱因斯坦的世界里，空间和时间被统一为一个实体——时空。原则上，我们应该把时空看作一个四维的物体，但这很难想象出来，所以我们更愿意利用二维空间和一维时间（三维空间并没有消失，我们只是不需要考虑它）。

当空间或时间发生扭曲时，下图的轴线不再是直线，而是开始弯曲。把空间维度想象成一张纸，我们把纸折叠一下。现在让我们再回到那个苹果，当它平稳地穿过一维时间，也就是沿着时间轴向前移动时，我们扭曲时间维度会发生什么呢？当我们扭曲一个空间维度时，物体就是在另一个空间维度中移动了。例如，如果一只蚂蚁在一张垂直的纸上行走，如果我们折叠这张纸，它就会沿着水平方向移动。但是时间维度只有一个，所以扭曲只能发生在空间中。实际上，苹果在时间上的进程一部分变成了空间中的一种运动。所以苹果开始移动，因为它处于扭曲的时间中。

还有另一个有趣的结果。当时间上的有效运动部分被扭曲成空间中的运动后，有效运动会减少，时间变慢了。而事实确实如

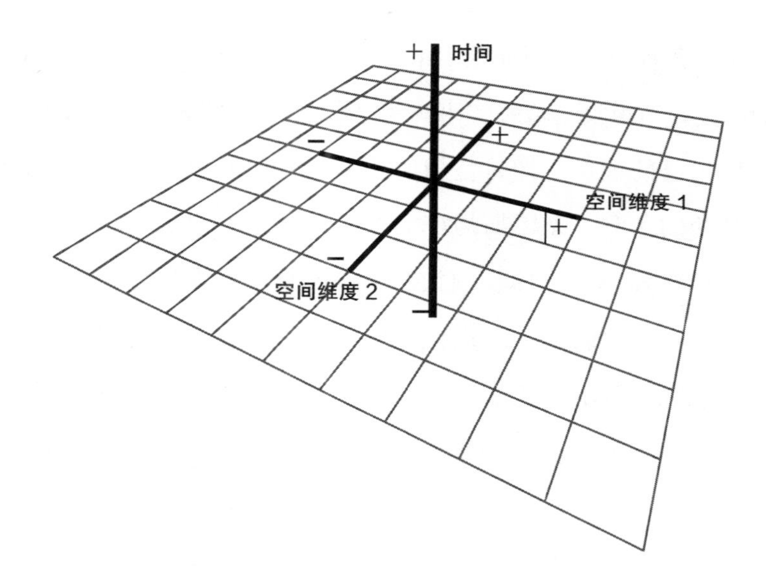

此，而且已经被广泛证实。事实上，全球定位系统（GPS）的卫星只是一个时钟，能发出一个规律而又非常准确的时间信号。由于轨道上它受到的引力较弱，所以卫星的运行速度比在地球表面要快，因此必须对其进行校正。爱因斯坦的另一个发现（即狭义相对论）指出，还有一些因素会使卫星的运行速度变慢而需要校准，但是这只是另一个可能的影响因素，引力还是导致其运行速度变慢的主要原因。

波动一般理论

爱因斯坦的模型比牛顿的模型复杂得多，他考虑了牛顿没有考虑的各种因素，但在很多情况下，它们产生的结果是几乎相同的。爱因斯坦没有依赖“事物相互吸引”的模糊模型，而是使用了他自己的模型，即时空扭曲模型。爱因斯坦的模型可以做出更复杂的预测。爱因斯坦广义相对论的第一个证明涉及牛顿模型中相对较小的变体。例如，牛顿模型没有准确地预测水星的轨道。有一段时间，人们认为水星绕日轨道运动的时间变动是受到了另一颗在水星和太阳之间运行，名为瓦肯的行星的影响。但爱因斯坦的理论与观察结果完全吻合，解释了水星轨道进动这一现象。

同样，牛顿的理论低估了光线传播路径的长度，因为光在遇到大质量物体时，路径会发生弯曲而使其路径比直线传播的情况下长两倍。但是，爱因斯坦杰出的工作也可能带来许多其他的可能性，其中一些至今仍未被发现。

爱因斯坦建立的方程，即所谓的引力场方程，非常复杂，无法求得通解。相反，它们需要针对特定情况来求解，例如针对单个物体。引力场方程的第一个精确的解是针对非旋转球体，这个解后来预言了黑洞的存在。引力场方程另一个应用是为一个非常简单的宇宙模型提出解决方案，这个模型将宇宙视为各向均匀同性。当爱因斯坦在他的广义相对论完成一年后，他意识到有可能存在某种波，它不像光所对应电磁波那样穿过空间，而是利用空间本身的结构作为它们的传播媒介（或者更准确地说，在时空中波动）。

引力波曾被表述为不需要媒介传播的声音，但这是一个不恰当的比喻。声音是物质分子的振动，我们最熟悉的一种介质是空气分子。尽管声音也可以通过液体或固体传播，但是引力波完全不同。引力波是像光一样的横波，而不是像声音那样的纵波，而且它不是穿过时空中物体的波纹，它穿过的是时空本身。当引力波经过时，时空会产生涟漪。这种波动会影响时空中的物质，而并不要求物质具有传播性。有一些人把引力波探测称为“听太空中黑洞的声音”，这是对引力波的贬低，相比之下，声音只是一个微不足道的局部效应。引力波使宇宙本身振动。为了了解它们是如何产生和被探测到的，我们需要进一步深入探索爱因斯坦的宇宙。

当牛顿第一次提出他的引力理论时，人们普遍认为引力的作用是瞬时的，不管有吸引力的物体之间的距离有多远，而且“引力速度”是无限的。一个物体吸引了另一个物体，那是它们的固有性质，不需要两者之间有任何联系。但到了 19 世纪，人们越来越怀疑引力是由空间中运动的物体产生的，无论是粒子流（就如牛顿认为的那样）还是由于某种宇宙流体中的旋涡，如果是其中任何一种情况，很有可能引力的速度是有限的。如果引力从 A 到 B 需要时间，那么它就有可能产生某种由引力引起的周期性变化[1]——引力波。但是，直到爱因斯坦广义相对论的出现，这个想法才得到充分的发展。

经线和纬线

时空的完整概念——时间和空间的混搭，有点难以理解，但这是爱因斯坦解释引力理论的基础。1905 年，他发展了狭义相对论。狭义是因为它只涉及没有引力的特殊情况。简单地从牛顿运动定律和光速不变原理得出，无论观察者如何相对于它移动，狭义相对论表明，空间和时间是不可能分开的，它们不是不同的实体。例如，两个事件是否同时发生取决于观察者如何同时相对于它们进行移动[2]。完全可视化时空有点困难，因为它需要四个维度，就是大家熟悉的三个空间维度加上一个时间维度。但是我们可以把通过三维介质的涟漪看作引力波的模型，引力波就是时空中的涟漪。

爱因斯坦在 1915 年完成了他的广义相对论，并且在狭义相对论中加入了加速度的内容，他意识到加速度与引力的本质是分不开的。就在第二年，也就是 1916 年，爱因斯坦推导出，如果大质

1　如果某物有无限的速度，就没有时间发生循环变化，因为它瞬时就从 A 到达 B。
2　爱因斯坦用一位正在行驶的火车上的观测者来说明这一点，对于一个静止的观测者来说，两个远距离的闪电是同时出现的，而列车上的观察者将首先看到他正在靠近的闪电。

量物体移动，它们对时空的引力影响发生变化，则时空波动原则上是可能存在的。

当一个大质量的物体移动时，它会拖拽时空，所以规则的运动会导致时空的重复拉伸和压缩。然而，爱因斯坦也认为这种波永远不会被探测到，因为它产生的影响非常小。正如我们所看到的，引力是一种非常微弱的力。

如果引力波如爱因斯坦预测的那样确实存在，那么想要探测到引力波的话，观测设备要能探测到弱于地球表面引力 10 亿分之一的变化，才能找到这些波的某种极其强大的来源。实际上，可能也会有一些引力波源可以达到这种水平，但许多物理学家仍然同意爱因斯坦的观点，他们认为引力波的变化是如此微弱，比路过的汽车的引力效应还小，所以它们永远无法被探测到。爱因斯坦非常确定这一点，他明确表示这些波只是一种理论上的可能性。

可能的来源

假设爱因斯坦的说法是错的，他偶尔也会犯错，引力波是有可能被探测到的，那么只有最强大的波源才有可能产生可以被探测到的引力波。可能产生这种较强波的物质包括恒星爆炸产生的涟漪和黑洞碰撞时发生的时空振动。理论上，最简单的引力波形式应该来自绕轨道运行的天体。许多恒星以相互环绕的“双星”

形式成对存在，已有超过 10 万对被科学家记录在案。这种运动应该会产生连续的振动，在时空中以波的形式传播回荡。即使是绕太阳绕行的地球也应该有自己的输出波，但是这种低振幅的波很可能太微弱以至于无法被探测到。

最有可能被探测到的波源是“旋进黑洞”。2015 年 9 月探测到的引力波信号据信就源自这样的系统。这个系统是由一对相互环绕的黑洞组成（详见第 8 章），其轨道正在衰减，使两个黑洞越靠越近。在最后时刻，当两个黑洞相互接触并彼此融合，它们会移动得越来越快，从而会快速迸发出强大的引力波，有时会伴随“啁啾”的声响。随着天体移动速度的加快和最终的合并，波的频率和强度也会猛增，随之而来的是一阵高频“铃宕”波。当融合的黑洞振动成一个单独的物体时，这种“铃宕”波会迅速消失。另一种可以被探测到信号的波源可能是宇宙中某种大规模的爆炸，它向整个宇宙传递了一阵引力能量。虽然它没有像旋进波源一样被精准定义，但这样的引力波“爆发”是一阵会迅速衰减但爆发突然且高强度的引力波。当恒星爆炸产生超新星时会发出伽马射线暴，但是到目前为止对这种源进行建模的研究还比较少，部分原因是据推测这种波源出现的概率比旋进波源要低得多。

伽马射线暴是宇宙中最剧烈的爆炸，它们已经在遥远的星系中被探测到（由于光的传播需要时间，因此在它到达我们地球并且被探测到时，爆炸已经发生很久了），这种爆炸会产生高亮度的超高能光，也就是伽马射线，持续时间在短短一秒到几个小时之间。据推测，这种爆炸与超新星有关。比如，恒星坍塌形成中子星或黑洞，中子星合并形成黑洞，都会释放巨大的能量。

最后一个有可能被探测到的引力波源是一种相当于引力波的白噪声，它们以一种所谓的随机引力波的形式出现，这些在时空中微弱振动回荡的各种“嘶嘶”声甚至可以追溯到宇宙大爆炸时期。我们已经对宇宙的微波背景进行了许多探测，这些光是宇宙在大约 38 万岁变成透明形态时发出的。理论上，宇宙微波背景中存在的引力波运动都可以追溯到宇宙大爆炸本身。因为没有什么能够使引力消失，所以宇宙对引力波来说，也一直是“透明的”。正如我们稍后将看到的，这些背景波可能对早期光的偏振现象产生了微妙的影响，因此可以从宇宙微波背景辐射图中间接检测到。

调入

理论上说，任何在空间中运动的物体都会产生引力波，但是波的两个特性，即振幅和频率，会影响我们对它们的探测。振幅是波的“高度”，反映了时空振动的能量大小。物体质量越大，它们和时空之间的相互作用就越强，振幅也就越大。当我们在眺望银河系之外，距我们数十亿光年之远的太空时，这一点变得尤为重要，因为振幅与距离成反比。我们需要注意宇宙的空间范围，因为能够产生足够大的振幅且被观测到的事件相对较少。我们在寻找震源时可以覆盖的范围越大越好，因此在 2015 年发现引力波时用到的新版 LIGO 最大的改变之一就是它可以探测到的空间范围是以前的 30 倍。

即使是小天体也会产生波，例如地球和月球围绕它们质心的运动（碰巧这个质心在地球内，因为地球的质量比月球大得多，所以我们倾向于说月球绕地球运行，但在任何双星系统中的两个天体都不是静止的）。这意味着地月系统通过自身发射的引力波正在失去能量，如果这是对月球绕行轨道的唯一影响，那么月球将螺旋进入地球的运行轨道。然而，实际上地球的潮汐引力比月球强得多，大约是月球潮汐力对地球上海洋和陆地造成的影响的 80 倍。这种不平衡减慢了月球在其轨道上的运行速度，也影响了月球的轨道距离，因为卫星只能在一个特定轨道上以特定的速度运行。

之所以得出这个结论是由于罗伯特·胡克（Robert Hooke）向牛顿提出的一个简单的观察，即在轨道上包括两个独立的活动。一种情况是绕轨道运行的天体转向另一个天体的运动（就像牛顿半神话般的苹果落到地上的故事一样）；另一种情况是绕轨道运行的天体在与另一个星体相切的切线上运行，所以它总是偏离轨道，这就是宇航员在国际空间站（ISS）漂浮的原因。他们并没有处于零重力状态，国际空间站所处距地面 350 千米之上轨道的重力仍然是地表重力的 90% 左右。国际空间站相对于地球来说就相当于自由落体，这意味着宇航员感受不到引力的拉力，所以宇航员只有驾驶空间站侧向运动才能防止它坠毁。

这意味着，在距离地球的任何特定距离下，绕轨道运行的天体只有在一个特定速度下才可以摆脱下降的趋势保持轨道稳定，除非具备自身的动力，天体就必须以这个速度绕轨道运行。因此，如果绕轨道运行的天体减速，就像月球由于地球潮汐力的影响而减速那样，那么它需要绕行到更远的轨道运行。我们的卫星正在逐渐远离地球，其速度远远大于引力波失去能量并使其靠近地球的速度。

像地球和月球这样小型的天体系统（从天文学的角度来说）产生的引力波过于微弱而无法被探测到，所以 LIGO 天文台正在寻找更强大的天体系统，比如成对的中子星或黑洞，特别是当它们相互撞击时，时空中的引力扭曲将达到最大值。

每种类型的物体都会产生特定频率的引力波，这取决于它们正在进行什么运动。LIGO 可以检测到 30 ~ 6 000 赫兹范围内的频率（这些频率恰好与可听声波的频率相似，而引力波频率更低，这也就是为什么对星际声音的诗意表达有时是不正确的）。但是，若要探测到更大的黑洞，这意味着要将频率调至低于 LIGO 接收范围的更低频率。所以为了探测到这些低频波，未来的天文台如 LISA（见第 9 章）才被提出，从而扩展了可研究的频率范围，如利用不同频率范围的电磁波（无线电、红外线、可见光、紫外线、X 射线和伽马射线等）进行观测的电磁望远镜。

它们在哪里？

自从爱因斯坦在 1916 年预测了引力波以来，我们意识到了引力波存在的可能性。尽管存在着来自局部震源的干扰问题，以及确定引力波所需的具有极高灵敏度的仪器的难题，但物理学家们自 20 世纪 60 年代以来就一直致力于引力波探测，为的就是突破我们技术能力的极限，正如我们将看到的，一位物理学家发现这一挑战将对他的职业生涯产生颠覆性的影响。

4

引力波挑战

►►►

引力波观测站的发明者面临巨大的困难，因为引力波只可能在仪器中产生非常微小的运动，而这必须被探测到。加州理工学院物理学家基普·索恩（Kip Thorne）从事引力波理论研究多年，也是 LIGO 项目的创始人之一。他建议，为了理解这些运动有多微小，我们首先用熟悉的距离刻度——量尺上的厘米来做测量。在他的例子中，他使用科学记数法来记录这些非常小的数字，例如，10^{-4} 表示 1/10 000。

索恩首先把 1 厘米：

- 除以 100，你会得到一根头发的直径（10^{-4} 米）；
- 再除以 100，大约是可见光的波长（10^{-6} 米）；
- 现在加快速度，再除以 10 000，得到原子的直径（10^{-10} 米）；
- 再除以 100 000，得到原子核的直径（10^{-15} 米）；
- 最后，再除以 100，就会得到几千米长的引力波探测器的反射镜之间看到的最大运动幅度（10^{-17} 米）。

然而，这并不是那些在这类设备上工作了 50 多年的人面临的唯一问题，即使你能探测到波，也很难确定波源在天空中的确切位置。

波是从哪来的?

传统的天文台有一个明确的行动指引，那就是把望远镜的接收端指向天空的特定部分，也就是指向观测的对象，这很简单。不过有了引力波，事情就变得复杂了。因为没有什么能阻止引力，所以波穿过地球和从天而降都一样容易，也就没有了传统光学望远镜的上下之分。

使用传统望远镜是确定波源方向的一种方法。一旦进行了假定的引力探测，就能让传统天文学家将望远镜指向波可能出现的方向，在视觉、无线电或其他电磁波段中寻找支撑证据。事实上在有多个探测器共同工作的情况下，也能得到一些波源方向的信息。

如果探测器彼此之间距离很远，它们通常与波源的距离都不相同，在一个观测站接收到信号与波到达第二个观测站之间的延迟可以帮助确定波源的方向，并且所涉及的探测器之间距离越远，就越能准确地定位到波源。

当碰到类似声音的问题时，这更容易想象。比如你身处雷雨环境中，因为看不到闪电，所以依赖于听空中炸响的雷鸣声来确定周边的情况。我们可以用我们的两只耳朵粗略地判断方向，因为我们耳朵的形状意味着我们可以分清前方的声音和后方的声音，但是引力波探测器还无法做到这一点。

不过，想象一下我们有一对麦克风，我们可以把它们放在相距很远的地方（声音在海平面上以约 340 米每秒的速度传播）。比方说，我们把麦克风放在相距一千米的地方。除了在闪电完全均匀地分布在麦克风之间这种不太可能的情况下，声音总会先到达一个麦克风，然后再到达另一个麦克风。假定麦克风与声音的方向一致，那么在声音信号之间会有近三秒的延迟。从时间上的差异我们可以分辨出声音是来自我们的后面还是前面，这个方法同样适用于引力波的探测。有两个或多个探测器更便于确认波源的方向，在这样一个微妙的系统中，它还可以帮助人们处理不可避免出现的误报。

火车、飞机和汽车

60 多年前，当乔德雷尔·班克（Jodrell Bank）无线电天文台在柴郡乡下建成，特别是 250 英尺（约 76 米）高的可操控 Mark I 望远镜（现在被称为洛维尔望远镜）建成之后，当地人都习惯了实验室的工程师到他们家来抱怨洗衣机或真空吸尘器给探测工作带来的麻烦。那时，电子设备在产生无线电信号时不能像现在这样受到屏蔽。即使现在，一些家用电器也会在无线电波段发出噪声。当有来自本地无线电源的强干扰时，它很容易影响预期的观察结果，甚至与实际信号混淆。

如果射电天文学家不能分辨脉冲星和不可靠的自旋循环之间

的区别，他们看起来就会非常业余。但我们必须记住，射电天文学的观测与用光学望远镜进行的观测有很大的不同。光学天文学家可以直接观察他们视野中的图像，而射电天文学家只接收数字的集合。计算机可以对这些数字进行分析，以构建与光学望远镜图像类似的图像，但当处理的仅仅是数字时，会比处理图像更容易将干扰信号与实际信号混淆。甚至在光学天文学中，也出现过将天空中的地球光与宇宙事件相混淆的事件。

研究引力波的天文学家也陷入了类似的困境。和射电天文学家一样，他们要处理的只是一串数值，这些数值可以解释为振动，通常表现为一条横向轨迹，尽管实际的波具有更复杂的三维形式。这些数值是由探测器长度的微小变化产生的，我们将在稍后进行更详细的探讨。但这些变化也可能是由局部振动引起的，从地震到飞过头顶的飞机，任何东西都可能留下痕迹。正如我们所看到的，即使是附近卡车的引力效应也可以被检测到，这些设备就是如此灵敏。

路易斯安那州和华盛顿州的 LIGO 天文台在观测过程中一共要收集 100 000 个数据通道的信息。收集的信息流既包括直接观测到的管内激光干扰数据，也包括关于反射镜、真空管的状态和周围环境的详细环境数据。地震仪也加入其中，以确保地球的任何物理振动都可以被中和，这使得科学家能够最大限度地消除不必要的噪声和干扰，专注在实际信号上。

比考虑方向性更重要的是确保排除局部效应，这样至少需要使用两个检测器，它们之间的距离要足够远，使得一个检测器监测到的局部振动或移动质量不会影响另一个检测器。有了这样的设置，与地球上的扰动相混淆的最大风险就是，例如，地震发生在距离两个检测器大致相等的距离，那么两个检测器会几乎同时得到信息。

然而，尽管存在这个明显的问题，第一批用于探测引力波的设备是独立运行的。不久之后，与每个人的预期相反，一项突破性的引力波探测的消息被报道了出来。

韦伯棒的诞生

人们很难不佩服美国物理学家约瑟夫·韦伯（Joseph Weber）的顽强。20 世纪 60 年代，当他在马里兰大学建立起初始长度 2 米的引力波探测器时，人们希望它的灵敏度能精确到 100 万亿分之一，这显然是一个极其微小的空间变化，但据估计，要检测到引力波还需要再高出 1000 万倍的灵敏度。然而，尽管离目标还如此遥远，韦伯仍然不放弃，毕竟所需的灵敏度只是一种估计，即使它是正确的，科学家通常也能从实验的失败中学到很多东西（尽管失败时，他们和其他人一样沮丧）。

韦伯的装置是一个2吨重的铝制实心圆柱，直径约为1米，长度为2米，悬挂在一个复杂的钻机上，旨在消除因振动而产生虚假信号的可能性。当引力波通过空间时，它们也会导致探测器材料的膨胀和收缩，这将被韦伯的设备检测到。人们希望韦伯棒会通过与引力波的频率共振来放大信号，就像在钢琴附近播放正确频率的声音时钢琴的琴弦可以自动振动一样。

石英晶体被黏在棒上，当棒膨胀和收缩时，它会有节奏地挤压和拉伸晶体。在石英这样的材料中，压力的作用是将电子从晶体结构中释放出来，产生一个小电流，即所谓的压电效应。通过监测每一处晶体产生的电流，棒的运动就能被跟踪并监测到。然而，探测器并未检测到任何东西，几乎没人对此感到意外。但韦伯并未退缩，他重新设计了装置，将其灵敏度又提高了100倍，但这仍低于预期所需的灵敏度，因此依然一无所获。

这是一项非常不同的技术，比起2015年使用的大型探测器，这项技术费用要少得多。一个2吨重的圆柱体听起来可能有点令人感到惊讶，但这是一个可以在普通物理实验室中使用的设备，费用是任何大学都能承担的程度。后来，韦伯对他的设备再次进行改进，制作了一整套引力波探测器，并尝试了不同的方法来保护它们不受外部振动的影响，而人们对他适度的财务要求并未表达过多担忧。

在提高灵敏度的同时，韦伯意识到需要多个探测器同时工作。正如前面提到的，这既可以减少误判的机会，又能为波源方向提供一些初步线索。韦伯建立了两个棒状探测器实验室，一个在马里兰州，另一个在芝加哥，相距大约1000千米（约600英里）。物理学界并没有对此抱有很大期望，这些实验似乎仍然不太可能产生任何结果。然而，在1969年，韦伯报告了他第一次成功探测到引力波的消息，短时间内名气爆发。他几乎同时在两根探测棒上接收到了一个信号，这表明它来自外部波源而不是本地振动。虽然这项发现令人瞩目，但还有一种可能性，韦伯不得不考虑。

试想一下，如果引力波根本不存在。每隔一段时间，两个棒状探测器会产生一个误导性的信号，这可能是由于物理振动，甚至是电子设备的故障，按照现代标准来看这些设备都是粗糙的手工焊接设备。虽然这种情况不会经常发生，但偶尔这些误导性的信号会在两个探测器上大致同时产生，即使每个信号来自完全不同的来源。如何消除这种误报？韦伯设计了一种统计技术来处理这些问题。该技术可以有效地推断出纯粹随机巧合的可能性有多大，从而证明一个明确清晰的观察结果的可靠性。

这是真的吗？

请注意，通过这种方法，韦伯的观察已从实际发生的事情

（例如，当我们看到日食发生时）转移到了统计观察——一些很有可能不是随机发生的事情，但不能肯定地说已经发生了。这已经成为确定复杂物理实验成功与否的一种常用方法，例如探测希格斯玻色子，但在20世纪60年代，这种方法并不广为人知，也是天文学家一般不会使用的方法。

韦伯的随机巧合测试技术是通过及时移动其中一个探测器的读数而起作用，这也是今天的引力波天文学家仍在使用并在不断地进行改良的一种方法。想象一下，每个读数都是用一卷长长的纸表示，上面标有它检测到的振动，就像老式地震仪的纸卷一样。然后，当一张纸沿着另一张纸滑动时，一对信号从背景噪音中脱颖而出，最终会排成一排。这对信号绝对不是真正的检测结果，因为两个信号在时间上相隔相当远。随着这个过程渐渐被大家所看到，它们在“时间平移”中的明显匹配，可以断定这是一个纯粹的随机事件。通过继续这个过程，一次又一次地进行滑动，韦伯可以计算出两个探测器上的事件在特定时间段内可能重合的频率，从而判断检测到的是虚假信号的可能性。

韦伯相信他在两个探测器上收集到了同时存在的信号，通过对这些信号的统计分析，韦伯推断他的探测结果是真实的。尽管困难重重，他还是发现了引力波，这是令人兴奋的，但其真实性仍然无法确定。这有点像报纸上经常报道的那种研究，比如说，告诉我们喝红酒对我们有好处（或者对我们不好）。这些文章往往是基于一个单一的研究。但是，像这样一项来自某个单独实验室的数据，只需有限数量的观察就足以确定结果的研究是很少见的。科学家们认为重要的是要在其他地方重复这个实验以确保能得到相同的结果。一项低成本且令人惊喜的技术与一种全新形式的天文学的潜在价值相结合，意味着不久之后一大堆大学都会努力开发自己的韦伯棒，试图复制韦伯的成果。但是，问题是没有人能复制这个结果，其他人没有探测到任何信号。

与此同时，理论物理学家们正在研究潜在波源的模型。引力波探测需要实验物理学家和理论物理学家之间的合作（尽管现在理论物理学家更有可能争论复杂的计算机程序）。实验者也许能够制造出对极其微小的时空振动做出反应的设备，但就其本身而言，这些探测器产生的结果并不能告诉我们关于宇宙的任何信息。韦伯并不太关心这一点，他感兴趣的只是检测过程。他很高兴给别人留下了一个关于引力波是如何产生的探索过程。但是，当理论物理学家开始研究他的结果时，数据似乎并不合理。

更准确地说，这些数字加起来太多了。任何这样的探测器都有一个阈值，低于该阈值，它就不会检测到振动。许多人认为，韦伯棒只能探测比任何被预言存在的引力波都更强大的引力波。当理论家们开始寻找宇宙中这种能量波的潜在来源时，他们被难倒了。当然，理论物理学家完全有可能遗漏了一些东西。但更令人担忧的是，英国天体物理学家马丁·里斯（Martin Rees，后来的英国皇家天文学家）和他的同事们表示，如果正如韦伯的研究结果表明的那样确实存在引力波，那么他们将需要一个能量源，这个能量源的能量要大到能将整个银河系炸得四分五裂。

根据里斯的说法，不仅韦伯的结果不可能复制，而且从理论上讲也没有意义。诚然，并不是所有的理论家都认同这种观点。美籍英裔物理学家弗里曼·戴森（Freeman Dyson）指出，一些潜在的能量更低的波源可能会产生特定的频率，从而会产生波动被韦伯的探测器探测到，因为该探测器对此频率特别灵敏。具体地说，他提出了两颗致密星的概念作为潜在的波源，它们紧密地围绕着对方运行。虽然韦伯的探测结果可能并不是真的，但戴森的想法将会是迄今为止最容易探测到的引力波来源，尤其适用于以后灵敏度更高的探测器。

如果当时还有一两个其他的探测实验室的数据，韦伯的实验结果就可能会得到更好分析。到了 20 世纪 70 年代初，美国和欧洲的许多大学都设立了韦伯的棒状探测器，但都无济于事。韦伯，这个曾经的引力波研究领域的金童开始受到怀疑。甚至有一项月球实验都源于韦伯的研究工作，这项实验作为阿波罗 17 号任务的一部分在 1972 年由美国国家航空航天局（NASA）启动。月球着陆器携带了一对重力仪——重力强度探测器，其中一个旨在发现更多关于月球地质结构的信息，这一项实验成功了。但专门为跟进韦伯的实验而设计的“月球表面重力仪”却未能实现实验目标。由于月球着陆器尺寸的限制，传统的2吨韦伯棒无法应用，取而代之的是一种弹簧天平，上面挂着一个小的探测物。人们希望通过引力波会使这个物体产生轻微的运动来扰乱平衡，但始终没有观察到任何东西。

我们不应该贬低韦伯的贡献。他确实在没有人认真考虑寻找引力波的时候就开启了对引力波探测的研究，他设计的引力波探测和识别技术至今仍在使用。虽然他的“成功”的探测结果几乎可以肯定是一个错误，但他让其他人更愿意投入时间和精力来寻找引力波。

无可否认，韦伯在这个过程中犯了一些严重的错误，证明了引力波科学家对他的检测结果的怀疑是合理的。有一次，他声称收到相隔24小时到达的信号，他把这归因于地球的自转，但有人指出，由于引力波会像地球不存在一样地穿过地球，它们应该每隔12小时到达一次。更令人不安的是，当他被告知这一点时，他不知何故设法重新整理了数据，以显示正确的12小时间隔。另一次，他声称使用另一个实验室的探测器成功地进行了双重检测，但他没有注意到另一个设备位于不同的时区，因此检测实际上不是同时进行的，并且在另一个站点检测到的波形是由实验室生成的测试信号，而不是来自真正的信号源。然而，这些挫折并没有阻止韦伯继续从事引力波探测的工作直到他职业生涯结束。接下来他提议制造一种更灵敏的超低温探测器。

冷却探测器

我们在一定程度上考虑了外部干扰影响探测器内振动的可能性。无论是过往的车辆、地震，还是走廊地板上学生的脚步声，韦伯棒都必须与周围环境隔离开来。因为设备相对较小、投入又少，这意味着韦伯棒往往设置在大学校园内，而不是像现代天文台那样通常设置在孤立的、低干扰的地点。但是，无论探测器可以缓冲多少来自外部的振动，它们自己仍然可能会振动。

运动是物质的自然状态。宇宙中没有任何东西在任何时间内都是完全静止的。组成探测器的大型重金属棒可能看起来是完全静止的，但是在原子尺度上观察它们，能看到组成探测器的原子会在热力的作用下快速摇摆。我们可能会认为温度只是温度计测量到的刻度，但从根本上说，温度是对构成物质的原子的动能和势能的测量。原子越晃动得快，温度越高。如果温度足够高，原子会脱离将它们固定在适当位置的电磁键，固体就会熔化。

故此，物理学家想要避免探测器中的噪声，不是增加原子的运动，而是要减少它。尽管原子的热能是随机分布的，通常不会引起整个探测器产生运动，但它结合的方式却是符合统计学规律的。偶尔，在棒的内部更多的原子会向同一个方向运动，那么波就会穿过材料的那一部分，这是一种源自棒内部的微小振动，你无法仅仅通过观察固体物体就看到这一点。从韦伯的设备和他同时代的科学家所使用的设备的灵敏度水平来看——它们已经能够检测到原子核大小的长度变化——这种微小的变化就成了干扰信号，因此设备需要冷却。

正如升高温度会导致原子抖动增加一样，温度的降低会减少原子的抖动。原则上，如果一个物体可以一直下降到绝对零度，即零下 273.15 ℃，那么它的原子应该完全没有动能。实际上，这是不可能实现的，因为量子物理学的不确定性原理告诉我们，不可能同时准确地知道一个量子粒子的位置和动量。如果一个粒子是完全静态的，就可以推导出来它的动量。但是将物体冷却到接近绝对零度是有可能的，在撰写本书时（2018 年），科学家实验达到的最低温度约为 0.004 开尔文，也就是零下 273.146 ℃。

尽管在 20 世纪 70 年代初研究韦伯棒的科学家们无法达到如此接近完美的程度，但他们希望通过将温度降至绝对零度以上几度，消除较为明显的热振动，并以更低的误报率重现韦伯的结果。韦伯本人在去世之前一直致力于研究一个可以投入使用的低温棒，不幸的是，虽然有些工作已经完成，但它们并没有投入使用。韦伯棒再也不会产生看似真实的观察结果了。

如果想要让引力波天文学成为现实，就需要建造一种完全不同的探测器。但在此之前，两位美国科学家进行了一次观测并间接证实了引力波的存在。值得注意的是，在并未直接检测到引力波的情况下，这一壮举仍让两位科学家获得了诺贝尔奖。

5

中子星之舞

►►►

1974 年，美国射电天文学家拉塞尔·赫尔斯（Russell Hulse）和约瑟夫·泰勒（Joseph Taylor）使用当时世界上最大的固定单口径射电望远镜——位于波多黎各的直径达 305 米的阿雷西博射电望远镜，进行观测并且有了惊人的发现。他们发现天钟（celestial clock）的“滴答声”的规律变化正在加速，而这本是不应该发生的。

丛林中的探测

阿雷西博射电望远镜是一个巨大的仪器。在撰写本书时，世界上最大的全可动射电望远镜是位于美国西弗吉尼亚州的绿岸望远镜，它有一个直径为 100 米的碟形天线。在英国的乔德雷尔·班克天文台，洛维尔望远镜在 2017 年庆祝了其正式启用 60 周年，它现在是世界上第三大可转向射电望远镜，直径为 76.2 米。阿雷西博望远镜直径有 305 米，虽然中国的被称为“天眼”的 500 米口径球面射电望远镜在 2016 年就远超于它，但在那之前的很长一段时间里，它都是世界上最大的望远镜（严格地说，俄罗斯有一个更大的射电望远镜 Ratan-600，口径为 576 米，但这台望远镜只有边缘的那一圈反射器，而不是一个完整的碟形反射器）。

阿雷西博望远镜的位置十分引人注目，在波多黎各森林里天然形成了一片圆形的空地。阿雷西博望远镜利用这里的喀斯特地形，用其中的大小合适、比较对称的碗形大坑作为底座（喀斯特地貌是一种地质构造，随着时间的推移，更多的可溶性岩石被冲走，逐渐形成一个深坑）。阿雷西博望远镜规模巨大，它的碟形天线由数以千计的铝质嵌板构成，由固定在石灰岩中的钢索网支撑，它无法通过转动天线来对处在不同天区的射电源进行跟踪。然而，这并不意味着阿雷西博望远镜仅限于从单一方向接收无线电波，它的接收器悬吊在距离镜面150米的高空以收集反射的无线电波，以捕捉跨越40° 天区的信号。

这个巨大的设备起初是为了研究地球的电离层，但是现已被部署在一些项目中，包括SETI（搜寻地外文明计划），用来搜索外星无线电信号。由于阿雷西博望远镜既有无线电接收器也有发射器，它也被用来向太空发射聚焦信号，朝向M13星系团，希望这些信息能到达其他文明。然而，阿雷西博望远镜50多年历史上最重大的发现是泰勒和赫尔斯完成的。

1974年，天文学家在距地球2.1万光年的地方发现了一颗奇怪的脉冲星，人们给它起了一个平淡无奇的名字PSR1913+16。最初人们认为这颗脉冲星的特殊之处，事实上也是非常奇怪的地方，是它的脉冲到达时间系统性地逐步偏移，而那是不应该发生的。

太空灯塔

脉冲星是射电望远镜时代发现的天文现象。第一颗脉冲星是1968年被剑桥博士生乔瑟琳·贝尔（Jocelyn Bell，现在是Bell Burnell）和她的导师安东尼·休伊什（Anthony Hewish）发现的，并命名为LGM-1。这个半开玩笑的代号代表“小绿人”，当时是用来形容外星人的流行语。奇怪的是，这个物体所发出的信号是很规律的。它发出的有规律的无线电波脉冲就像遥远宇宙中的时钟的滴答声，或者是故意制造的自动信标。后来，人们意识到所观测到的是一颗高速旋转的中子星（稍后详述），它的无线电输出像灯塔的光束一样四处扫荡。

此后人们又发现了更多的脉冲星，其频率从几秒到几千分之一秒不等。需要注意的是，这意味着这些恒星有的“一天”可能只有几毫秒那么长，它们必须以极快的速度旋转。起初，人们认为这种速度似乎是不可能的，但当他们意识到脉冲星的组成时，人们发现这样的旋转速度也是有可能出现的。对于迄今为止已知自转速度最快的脉冲星来说，它的赤道自转速度大约为光速的四分之一。

早在20世纪30年代，当中子这种粒子首次在原子核中被发现时，人们就已经预知到了中子星存在的可能性了。但是乔瑟琳·贝尔在太空中发现了一个发出“滴答声”的天体，这就是这些神秘的恒星确实存在的第一个证据。当一颗质量至少是太阳的八到十倍的大恒星走到生命末期时，它就有可能成为一颗中子星。当恒星耗尽了维持聚变反应所需的燃料时，它开始在重力的作用下坍塌。这是因为恒星的外壳失去了核聚变产生的巨大能量的支持，而恒星内核所产生的引力又是巨大的。

随着失去内部支持能量，老恒星开始自我塌陷。恒星物质360度雪崩效应产生了巨大的热浪，将恒星的外层炸开，使其成为一颗超新星，而且短暂爆发出的亮度有整个星系那么亮。恒星的外层被炸开后，恒星的残留物是一个中子球，通常是太阳质量的1.1到2倍，它会继续坍塌到直径只有10到20千米。在这个阶段，基于泡利不相容原理的量子效应阻止了其进一步的崩塌，由此产生的中子星，就是一个直径10到20千米的球体，是一只了不起的怪兽。

普通物质的内部结构大多是空白空间。每个原子都由一个微小的原子核组成，其中有一团电子云与中心原子核隔开。原子核就像一栋大教堂中的一粒豌豆，由相对较重的质子和中子组成，除了外层的轻质电子云外，其余的原子空间都是空白的。但是中子星只由中子组成。在没有电荷相互排斥的情况下，这些粒子可以通过重力被拉近，直到不相容原理发挥作用，使得巨大的质量被压缩到一个极小的空间中。其结果是，一茶匙中子星物质将重约 1 亿吨。这种广泛的压缩过程对脉冲星巨大的旋转速度也会产生影响。

这种疯狂旋转理论的出发点是宇宙中的一切都会在一定程度上旋转。这是恒星、太阳系和星系形成方式的必然结果。想象一个由尘埃和气体组成的星云被重力逐渐拉到一起，从而形成一颗恒星，除非那朵云是完全对称的（实际上永远不会），正常情况下一边提供的引力会比另一边稍大，这意味着尘埃和气体在进入它时将会螺旋进入而不是直线流动。这就导致了恒星的初始自转，如果那颗恒星塌陷形成中子星，那么旋转就会因溜冰者效应而放大。

如果你曾经见过旋转着的溜冰者，他们开始时会伸出手臂，然后突然把手臂收进去，这时他们会旋转得更快。如果游乐场有一个绕着竖杆旋转的小平台，你自己也可以试一试。如果你在隔平台一个手臂长度的地方开始随着平台旋转，然后再迅速靠到竖杆上，那么你的旋转速度将显著加快，这就是角动量守恒定律。

就像能量和许多其他性质一样，系统中的角动量保持不变，这是物体旋转的动力。当角动量随着旋转速度和物体离中心的距离增加而增加时，如果你向内移动物体，减小物体到中心的距离，其旋转的速度就必然会提高。考虑到一颗中子星的直径可能从 150 万千米坍塌到 15 千米，这一效应对恒星的旋转速度就会产生强烈的影响。

恒星通常有一个很强的磁场，当中子星坍塌时，这种磁场在恒星表面会变得更加强烈。当太空中的粒子被强大的引力吸引进来时，它们将被加速并因为磁场汇集而发出辐射。这意味着中子星可以从它的两极发出强大的电磁辐射束，就像巨大的光柱一样。

我们在地球上用来类比的方法是，使行星的磁极和自转极点大致对齐（虽然磁北极并不完全位于北极），但是中子星的磁极不需要与旋转极对齐。如果它们之间相错的角度很大，来自磁极的光束将以中子星的旋转速度扫过太空，若是地球恰好在其中一束光束的方向上，我们将“看到”中子星在光束反复掠过时产生“闪烁”的无线电波脉冲。

从旋转到重力

因此，脉冲星是快速旋转的中子星，以“灯塔”光束的形式发出无线电波，这些光束在地球上呈现为无线电频谱中的一系列高速光点。这个发现理所当然地为安东尼·休伊什赢得了 1974 年的诺贝尔物理学奖，但实际上发现了第一颗脉冲星的贝尔却被忽略了。这使休伊什在剑桥的同事，天体物理学家弗雷德·霍伊尔（Fred Hoyle）发出了愤怒的抗议，尽管贝尔自己很大度地接受了被忽略的事实。1993 年，当赫尔斯和泰勒因为“发现了一种新型脉冲星，这一发现为引力研究开辟了新的可能性”而共同获得诺贝尔物理学奖时就没有这样的争议了。具体地说，他们并没有直接探测到引力波，而是通过观察具有可变旋转速率的脉冲星推断了引力波的存在。

这看起来似乎是一种非同寻常的手段，但其实间接观察是我们经常做的事情，无论是在物理学还是在日常生活中。例如，如果我们看到一张纸“自动地”移动，我们可以推断出是微风在吹动它。我们看不到导致纸张移动的气流，但我们可以观察到它引发的结果并做出推论。当然，做出这样的推论并不像我们可以直接体验到的现象那样简单。原则上，这张纸会移动，可能还有其他的原因，比如地震，但是我们通常把它与气流相联系。同样，赫尔斯和泰勒没有“看到”引力波，但他们能够根据引力波对一对中子星（其中一颗是脉冲星）而不是其中一颗的影响推断出引力波的存在。

1974 年，第一次引起他们注意的是脉冲星 PSR1913+16，它没有恒定的速率，但每隔几个小时就会加速和减慢。很难想象一个正常的脉冲星怎么会有快速变化的自转速率。自转的中子星就像一个巨大的飞轮，它很难短时间内对其自转速度做出重大改变。因此，当观察到脉冲星的自转速率似乎正在快速变化时，更有可能是一对恒星在围绕着彼此运行。其中一个是脉冲星，另一个是非辐射中子星，两颗恒星的绕转轨道使人们观测到的脉冲率由于多普勒效应而变化，同样的效应导致移动的“警笛声”在经过时音调发生了变化。

想象一下当脉冲星在它的轨道上向我们移动时会发生什么。首先它会发出一个脉冲，当它再次发出脉冲的时候，它会离地球更近一些，因此第二个脉冲的无线电波到达这里所需的时间将比第一个脉冲到达的时间稍短一些。这个脉冲会比中子星相对于我们静止时更快到达，所以当恒星向我们移动时脉冲频率会增加。当脉冲星在其轨道上远离我们时会发生相反的情况，脉冲之间的间隔会比我们预期的要长。据观察，脉冲星会有规律地出现加速和减速：从观察到的变化速度来看，脉冲星和它的伴生中子星每隔八个小时就围绕着彼此旋转一次。

两个像中子星这样的大质量天体围绕着彼此运行，提供了广义相对论所预测的产生引力波的系统，但与黑洞相比，中子星的质量相对较小，这意味着这种波太弱，任何地球上现有的系统都无法检测到它们，在20世纪70年代当赫尔斯和泰勒研究之时更是如此。但是，虽然波本身无法被检测到，但据预测，波的产生会出现副作用。产生这样的波需要能量，这些能量必须来自中子星的轨道。双星中子星系统的能量损耗应该会对轨道产生影响。当一对旋转的恒星发出这些波时，它们应该会向内朝对方轻微倾斜，这会使它们以稍快的速度绕轨道运行。也就是说，如果该系统发射引力波则人们应该能观测到其轨道速度的加快。

如果是这样的话，你会认为中子星脉冲的变化频率（该频率反映了恒星围绕其轨道运行的轨迹）会随着时间的推移而增加，因为脉冲星在轨道上靠近我们的那部分和远离我们的那部分之间的时间间隔会减少，这正是赫尔斯和泰勒在 PSR1913+16 的脉冲中观察到的。虽然变化很小，但这符合广义相对论的预言。虽然这并不是引力波存在的确凿证据，因为实际上并没有直接探测到引力波，而且轨道的衰减也有可能是其他原因，但观测结果是证明引力波存在的非常有力的佐证。

什么是直接探测？

在赫尔斯和泰勒发现引力波的 41 年后，当 LIGO 团队试图为描述他们发现引力波的论文找到一个合适的标题时，他们为使用哪一个词来区分他们所做的事而苦恼，是“直接探测”吗？根据脉冲星频率随时间变化而加速这一现象，天文学家在 1974 年间接断言了引力波的存在。但是 LIGO 团队做了一个直接的观测，拾取由波源本身产生的波。而且，可以说他们的天文台是对产生波的一个或多个物体进行直接观测。当然，LIGO 的科学家无法从视觉上直接看到这些物体。然而，就像光学望远镜接收到远处物体产生的光波一样，LIGO 天文台正在接收来自远处物体的引力波，因此可以称为对波源的直接观察。

能够直接观察是特别有趣的，因为正如我们看到的，大家认为 LIGO 第一次观测到的来源是一对黑洞，是以前从未被直接探测到的宇宙实体。虽然我们认为我们对黑洞了解很多，但这一切都是基于理论或间接观察，例如，黑洞对附近可见物体和物质的影响。在 2015 年的引力波事件之前，我们从未直接探测到黑洞。我们与宇宙中一些最引人注目的“居民”的关系即将发生变化。

但在我们能够发现更多关于黑洞及其性质的信息之前，我们需要有足够灵敏的设备来探测那些引力波。除了韦伯早期的观察（然而现在被认为是错误的），韦伯的探测器从未进行过成功的检测，是时候部署一种完全不同的技术了。虽然对设备设定如此高灵敏度的要求会将 21 世纪的科学技术推向极限，但我们知道这才是最有效的方式，就如同维多利亚时代的科学不需要中世纪的“以太”一样，科学需要进步。

干涉仪即将登上历史舞台，并占据其在人类太空探测史中不可取代的位置。

6

魔　镜

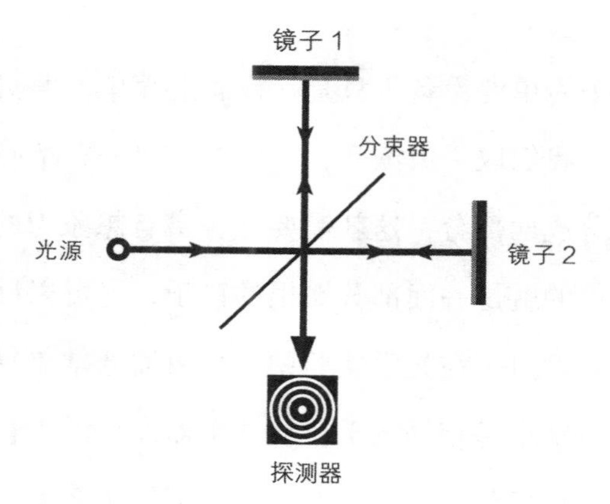

▶▶▶

正如我们在第 2 章中看到的那样，光是一种波的观点在 19 世纪得到极大的发展，因为人们发现光束会产生干涉图样，根据相对位置，两束光波可以相互增强或相互抵消。这种效应被证明是一种非常精确的测量距离变化的方法，因此也是寻找引力波的有效工具。

运行干扰

想象一个简单的设备（只是在概念上简单，但实际上制作起来很困难），我们取一束激光，一束具有单一、精确波长的光，并将该光束分成两部分，这就需要一种富有想象力的装置——分束器，最简单的就是一面部分镀银的镜子，它可以反射一些光并允许一部分光通过（在光学实验中，分束器通常更复杂，由棱镜组合而成，但结果是相同的）。从分束器发出的光在两个方向上彼此成直角，最后每一光束都会击中一面镜子，镜子会将光束反射回原点，来回光束合并然后被投射到屏幕上，由此产生的干涉图样可以通过显微镜观察到，或者（在现代实验中更有可能）将被光敏探测器拾取，结果是这样的：

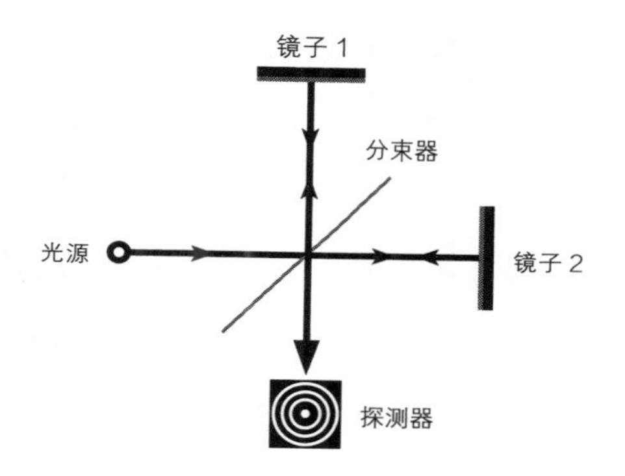

因为即使是激光也没有完全平行的光线，当它到达镜子时会扩散一点，一些光波会比其他光波传播得稍微远一些，因此当光束在探测器处叠加时，会形成干涉图样，相互抵消的波形成黑圈，相互加强的波形成光圈。但是，如果其中一面镜子离分束器更近或更远，这些条纹就会移动，因为光传播的距离发生了变化，因此当它在返回探测器之前与另一光束相遇时，它将处于其波长的不同位置。

对于可检测到的干涉图样的变化，路径长度的变化可能只是光的波长的一小部分，并且由于全波长（对于可见光）的长度在400 ~ 700纳米（十亿分之一米），这意味着纳米级尺度的位移是可以被测量到的。

这些被称为干涉仪的设备被证明是非常有用的，它们可以非常精确地测量距离的变化，在LIGO取得成功之前，它们最广为人知的成就就是改变了我们对光的行为方式的理解。正如我们在

第 2 章中提到的，当光第一次被看作一种波时，人们认为必须有一种介质，即使是在真空中它也能传播光，这种介质被称为以太。尽管詹姆斯·克拉克·麦克斯韦发现光是电和磁之间的相互作用，因此不需要以太作为介质，但包括麦克斯韦在内的许多人仍然认为这种奇怪的稀薄却又刚性的物质的确存在。然而，在 19 世纪末使用干涉仪进行的一项实验，原本是为了证明以太的存在，但该试验却证明了它很有可能根本不存在。

失踪的以太

1887 年，美国物理学家阿尔伯特·迈克尔逊（Albert Michelson）和爱德华·莫雷（Edward Morley）在俄亥俄州克利夫兰的凯斯应用科学学院（现为凯斯西储大学）进行了干涉仪实验。他们的设备与本书第 71 页的图结构相似，只是每条路径上有多个反射镜，这样光束在它们合并引起干扰之前能来回传播得更远。这个装置安装在一块直径超过一米的厚石板上，由一个木制框架支撑，木制框架漂浮在水银槽中，这样当它开始转动时，整个装置就会保持稳定的移动速度。该装置经过精心设计以尽可能减少摩擦：一旦石头“桌子”每六分钟左右转一圈，这个过程就会持续数小时。然而，实验者不是要寻找固定在适当位置的反射镜中的位移，而是寻找以太“风”对光线覆盖距离的时间的影响。

他们当时的想法是，当地球穿过以太时，与地球相同方向传播的光不得不对抗看不见的逆向运动的流体，而与以太运动成直角的光不会受到影响。在任何时候，其中一束光束都会指向以太风的方向，而另一束会穿过以太风。当仪器转动时，通过显微镜与网格图案相对照进行研究可以发现由合并光束形成的干涉条纹会发生位移，从而检测到以太运动产生的影响。但是尽管尽了最大努力，迈克尔逊和莫雷还是没有任何发现。如果以太真的存在，那么它很好地隐藏了起来。尽管直到 1929 年，克利夫兰夫妇都在试图重复这个实验，其他科学家也在其他地方做了进一步的尝试，但仍然没有任何发现。

严格地说，这项研究不能证明以太不存在。正如老话所说，暂时没找到证据并不代表没有证据。但是，这样高灵敏度的设备一次又一次的失败更难以证明以太真的存在。为了解释探测失败的原因，乔治·菲茨杰拉德（George Fitzgerald）和亨德里克·洛伦兹（Hendrik Lorentz）提出，干涉仪的臂长会根据运动而改变，这个变化有可能会抵消以太风的影响。实际上，这种变化并不会改变实验结果，但它是促成爱因斯坦发展狭义相对论的因素之一。

从许多方面来说，寻找以太的实验是百年后寻找引力波实验的镜像，但两者之间也有一个很大的不同，依照现在的技术和实验精度能很容易证明以太并不存在，只是没有必要这么做了，因为在理论上已经可以完全否定以太的存在。由于引力波的影响微乎其微，即使使用当时最灵敏的干涉仪也难以探测到，所以坚持不懈持之以恒的努力才是合理的。尽管年复一年的失败令人沮丧，但干涉仪让人们第一次对探测到引力波充满期待。

重力干扰

当引力波经过时，时空在与波传播方向成直角的二维空间中交替地被拉伸和压缩。如果引力波通过干涉仪，两个相互成直角的臂上的结果应该是不同的，这种效应随着二维拉伸和压缩的发生而反复变化。当一个臂稍长而另一个臂稍短时，由于一束光束必然比另一束光束传播得更远，所以干涉图样中会有移动。因为起因是振荡波，在干涉图样中应该是一个独特的振动。当然，确定具体所涉及的内容并不容易，正如我们所知，仪器中最小的物理振动都可能导致错误的读数，而横跨两臂的波（到目前为止最有可能发生的情况）可能会产生不可预测的结果。即便如此，拥有干涉仪的观测站比韦伯棒具有更高的灵敏度，因此更有可能实现探测。

直到作者撰写本书时，全世界共有五个主要的引力波观测站。除了 LIGO 的那一对干涉仪外，还有位于意大利比萨附近的卡希纳的法国和意大利合作的 VIRGO（处女座）干涉仪，其大小几乎与 LIGO 拥有的相同，但臂长仅为 3 千米。此外还有臂长 600 米的德国和英国合作的 GEO600 观测站和只有它一半大小的日本的 TAMA 300 观测站。虽然与 LIGO 的一对干涉仪相比，单个探测器的使用范围可能有限，因为它无法区分局部振动和真实的信号，但实际上所有的引力波观测站都共享数据，因此组合的设备可以有效地充当一个跨越世界的观测站，提供更高的精确度和更强大的能力来确定波源方向。

这些都不是为探测引力波而建造的最早的干涉仪。在 20 世纪 60 年代初，两位俄罗斯科学家米哈伊尔·格森施泰因（Mikhail Gertsenshtein）和弗拉迪斯拉夫·普斯托沃伊特（Vladislav Pustovoit）提出了干涉仪的基本概念，但他们发现自己无法建造出可实际操作的设备。1972 年，在麻省理工学院工作的美国物理学家雷纳·韦斯（Rainer Weiss）构想出了完整的理论，当时他撰写了一份报告，阐释关于使用类似于迈克尔逊-莫雷实验的技术的理论方法，他在报告中所描述的设备是固定的而不是旋转的，而且臂长要长得多。韦斯是在 20 世纪 60 年代末教授广义相对论课程时首次提出这个概念的，当时他承认自己在一门知之甚少的学科上只比学生领先了一步。为了让学生保持兴趣，他给学生们设置了一个挑战，让他们设计一种基于迈克尔逊干涉仪的引力波探测器。

两可之间

韦斯在使干涉仪探测器实用化方面向前迈出了一大步，他考虑了当空间和时间被经过的引力波挤压和拉伸时测量激光束长度微小变化的意义。为了让探测器更加实用，他必须要找出主要的噪声源和易与真实信号混淆的振动，这样的话，一个有效的引力波探测器就可以将它们排除。韦斯设计了一种方法来排除这种造成混淆的信号输入，他构建了复杂的悬挂机构，并将此使用在激光臂末端的反射镜上，通过这种方式使设备可以达到需要的灵敏度水平。

韦斯从计算中推断，一个工作中的干涉仪需要很长的臂长，至少需要几千米长，这不是可以在实验台上运行的装置，这样它才能拾取太空中微小的引力波振动。记者迦娜·莱文（Janna Levin）引用韦斯的话说："我不喜欢大科学，但如果是一个大项目，我只能做大实验，没有其他办法，因为科学需要它。我不相信你能用小设备做大实验。"

在 LIGO 这样的实验中所涉及测量的精度，怎么强调都不为过。基普·索恩讲述了他第一次从韦斯的报告中发现这些想法的过程，当时他正与查尔斯·米斯纳（Charles Misner）、自己的博士导师约翰·惠勒（John Wheeler）合著一本关于引力的书，书名就是《引力》。在书中索恩实际上否定了能成功探测到引力波的想法。

索恩指出，如果你深入了解反射镜中必须被检测到的运动的尺度，原因就很明显。他说：“我只是看了一下，看了看数字，很明显这不是一个很好的主意。我们即将出版《引力》，我在书中写道，这不是一个很有希望的方法。”索恩根本不相信有可能探测到比原子核尺度更小的物质运动。

在 20 世纪 70 年代和 80 年代，德国和英国都有小型干涉仪，其臂长都在 3 米到 30 米之间。所有这些设备都有一个共同点，它们从来没有探测到任何东西，也从来没人对此抱有任何期望。但是，它们为保持反射镜的稳定以检测引力波所需要的先进技术提供了测试基础，并使科学家们消除可能的检测下限。在科学上，没有观测就意味着观测的价值。引力波是一个完整的理论概念，当然自然总是有可能给我们带来惊喜。

LIGO 挑战

基普·索恩和他的同事研究了建造一对基于干涉仪的大型探测器的细节，并决定在 1976 年至 1978 年间继续研究。这可不是一个容易启动的项目。撇开测量精度（超出当时所有实验的测量难度）、第一代大型干涉仪观测台预期灵敏度，以及暗淡的观测前景不谈，韦伯仍然对引力波的研究工作产生了影响。当时，随着韦伯棒和他广为人知的发现，韦伯曾一度成为科学界的名人，但当他的研究结果无法重现，事件发展开始对他不利时，他在科学界完全失宠，甚至于寻找引力波的整个概念似乎都被历史玷污了。

在加州理工学院，基普·索恩领导的一个团队制作了一个 40 米的原型干涉仪以解决实际问题，而位于马萨诸塞州剑桥市的麻省理工学院的韦斯的团队，建造了一个较小的试验台以解决反射镜支撑问题，他们还进行了项目全面实施的可行性研究。从本质上讲，这个项目是为了寻找所有可能会出现的问题，并为这些问题提出解决方案。这不仅涉及物理学，而且需要深入了解如何处理这一规模的项目的实际操作情况，从干涉仪臂上的钢材到申请到资金前所需的成本计算。

可行性研究必须处理很多微小的细节，例如构成臂的钢管并不是完全惰性的（即使没有动物尿液）；为了使激光束在成对的反射镜之间来回传递，必须将空气从钢管中移除。否则激光束就会被分散，空气分子的随机运动就会不断地扰乱系统；但是当空气被抽出后，钢材中会释放少量的氢气；这是一个潜在的误差因素。韦斯的团队必须预估到氢气的存在，并计算出可容许的氢气释放水平。

1983 年 4 月，加州理工学院和麻省理工学院的两个研究小组向美国国家科学基金会提交了他们的成果和计划。当时正是美国政府开始怀疑大规模物理实验的时候，但由于他们详尽的规划，他们仍然相对容易地获得了政府资助。据当时的估计，这两个观测站的建设费用约为 1 亿美元，但这只是用于基础建设，大家都清楚一个功能齐全的 LIGO 项目不可能这么便宜，实际建设成本起码要高出十倍。最初，该项目由索恩、韦斯和另一位实验物理学家罗恩·德雷弗（Ron Drever）组成的三人小组负责，德雷弗是从欧洲引力波研究中心格拉斯哥大学引进的。索恩说，这两位实验者“很少意见一致”，并指出，他们三人被称为“三驾马车”，“当时指的是一个功能失调的领导层，而我们正是如此”。

功能失调的领导层

当然，这三位科学家在性格上有很大的不同。韦斯是一个务实的、做事认真的人。理论家索恩做事有条不紊，有时做决策很慢。相比之下，苏格兰人罗恩·德雷弗就像一阵旋风。科学作家迦娜·莱文说，罗恩每天都会在他的团队中公布大量的想法，他想法丰富，但决策很少。毫无疑问，德雷弗在引力波天文学的发展过程中提出了一些非常重要的想法。如果没有这些想法，功能性的 LIGO 可能永远不会通过规划阶段，但德雷弗不喜欢其他因素控制他的天马行空。他的做法对最初的创意产生很有效，大家可以不断提出和讨论某种方法实施的可行性，但如果作为大型建设项目管理团队的工作模式，这种方法并不理想。

例如，德雷弗引入了一种不同于莫雷实验的方法，大大增加了干涉仪探测成功的机会。在最初莫雷的设置中，一系列的反射镜允许光束在组合之前沿着每个臂杆来回传递四次。韦斯设计的引力波探测器在每个臂杆的末端都使用了悬挂镜，随着光束的走向，它们会在每次通过时在镜子之间的不同点来回反射几十次，然后被收集和合并。这种来回重复有效地放大了镜子任何微小运动的效果。但是罗恩·德雷弗提出要更进一步。

德雷弗建议他们把干涉仪的每一支臂杆都做成一个巨大的法布里-珀罗腔（Fabry-Perot Cavity）。实际上，这些设备就像是传统激光器中腔体的放大版本，光线进入腔体，然后在完全相同的方向来回反射，每一次反射都与下一次反射重叠，在传输过程中积累能量，直到光束被释放。该腔体充当了光子的一种延迟机制，将光子保持在臂杆内足够长的时间，使光可以沿着臂杆传播数百次，从而在探测器中为引力波与反射镜相互作用提供了更多的机会。但这在建造上更难，这就是为什么韦斯要选择更简单的设置。基普·索恩表示，韦斯“对做这件事一点也不热情”。但如果法布里-珀罗腔能够完成（德雷弗以他的无法抑制的热情坚信这不是件难事），它将在使用上更灵活，效果也更好，这个装置最终也用在了 LIGO 的设计中。

德雷弗带来的另一项创新是加州理工学院和他的家乡格拉斯哥大学之间的竞争性关系。尽管德雷弗借调到加州理工学院工作了五年，但双方都知道，他的时间将在两所大学之间分配。这意味着他有很多时间在飞往两所大学的飞机上想出新点子，并在他降落后向他的团队“开火”。这两个地点都建造了小型原型干涉仪来进行测试，渐渐地消除了镜悬挂方式、激光技术等探测方面的潜在障碍。

德雷弗确实在飞往两所学校的途中产生了很多新的想法，然后团队会尝试实施这些想法。虽然这并不是传统意义上明智高效的管理方式，但毫无疑问双站点操作确实能够解决大量的技术问题。与此同时，德国马克斯·普朗克（Max Planck）研究所的一个小组也在建造一个小型干涉仪，这可能是早期原型中最复杂的一个，它有助于收集必要的信息以便采取措施来提高引力波探测器所需的惊人的灵敏度。

尽管这些想法都很棒，但管理层并没有发挥作用。经过两年的内斗，美国国家科学基金会已经受够了。LIGO 的“三驾马车”奉命改由一名能够有效决策的项目主管来替换。前喷气推进实验室首席科学家罗克斯·罗比·沃格特（Rochus Robbie Vogt）接手了这一项目。正是沃格特不遗余力地争取，美国政府才批准了最新的资金预算，这可不是一项容易的任务，因为在没有任何附加条件的情况下，初版的 LIGO 总预算已经升至约 2 亿美元。

进入建造阶段

毫无疑问，在 1991 年 2 亿美元的预算是一个很难被满足的要求。美国众议院科学、空间和技术委员会不仅不愿意花这么多钱在这个项目上，一些成员甚至对任何形式的纯科学支出都不太乐意。一位受人尊敬的天文学家托尼·泰森（Tony Tyson）被迫到委员会作证，他不得不承认这些钱有可能无法换来任何科学发现。毕竟，正如泰森指出的那样："我们也许只有不到零点几秒的时间来进行这项测量。我们无法确定这个极小发生事件会在下个月、明年还是 30 年后发生。"

尽管泰森并不想破坏 LIGO 项目，但确实有一些美国天文学家对这个项目表示强烈反对，他们不了解粒子物理学家们所熟悉的大预算项目，担心如果 LIGO 获得资助，他们自己的小项目将面临风险（当时美国天文年度预算总额约为 LIGO 预算的一半）。据推测，天文学家的部分担忧也是因为 LIGO 名字中有"天文台"一词，给人的印象是物理学家正在强行闯入天文学家的领地。

尽管存在这些困难（包括通常伴随着美国主要科学地点选址的政治争论，在这种情况下，汉福德和利文斯顿的前景并不明朗），但项目最终还是获得了资金支持。沃格特成功了，这对于"三驾马车”来说几乎是不太可能的事。然而沃格特很快就被解雇了。

大家认为罗比·沃格特并不愿意做一个管理者，他是一个纯粹的科学家，只有在一种情况下他会接受行政职务，就是如果他不做，这个职位就会交给一个十分官僚主义的人。沃格特的管理方法可能有利于项目的顺利开始，但并不太适合管理日后大规模且十分复杂的建设工作。

讽刺的是，沃格特面临的最大挑战之一是与一个比他更不热衷于与外界权威打交道的人共事，他就是“三驾马车”中的苏格兰成员罗恩·德雷弗。沃格特似乎已经发现德雷弗的高度直观和非常规的工作方式，这种方式无疑为 LIGO 提供了一些关键性的技术，但对于一个团队来说这几乎无法管理。不仅如此，德雷弗拒绝更系统化的工作方式，而事实证明，项目中的许多人都无法与他共事。在两人之间持续几个月的紧张关系后，德雷弗被解除了职务。

尽管沃格特做出了重大贡献，但这还不足以让 LIGO 项目全面启动并投入运营。虽然沃格特帮助项目拿到了初始资金并组织做好了科学方面的准备，但随着与钢铁制造商和建筑公司的深入讨论，他表现出了对必要的管理流程的心有余而力不足。沃格特没有高预算商业谈判所需的官僚作风，他被物理学家巴里·巴里什（Barry Barish）所取代。巴里·巴里什主要研究对撞机技术，就物理学开支而言，这项技术的研究是最烧钱的，这也让他获得了很多 LIGO 所需的大规模项目建设的经验。

根据索恩的说法，LIGO 项目的幸运是因为另一个重大物理项目的不幸。当 LIGO 寻找新的项目管理人时，美国已经开始建造超导超级对撞机（Superconducting Super Collider，SSC）。如果这个庞大的项目得以完成，它将远远领先于它的欧洲竞争对手——欧洲核子研究中心的大型强子对撞机，并且很有可能会因为发现希格斯玻色子而获得更多荣誉。但 SSC 的资金被撤销了，索恩说，这让一名关键“球员”获得了自由，时间恰到好处，而且他完全符合我们的要求。对于索恩和 LIGO 团队的其他成员来说，巴里什的突然上任绝对是好消息。

新的项目管理人的第一项工作是恢复该项目在美国国家科学基金会的地位。过去几个月该项目一直面临被撤销预算的危险，但巴里什认为沃格特对项目预算的估计过于保守，启动资金预计需要至少 3 亿美元。看来诚实是有回报的，他提交的预算申请获得了通过。1994 年底，汉福德的建筑工程开工，利文斯顿紧随其后于 1995 年开工。

项目地址需要精心选择，尽可能远离潜在的振动源、地形平坦开阔，以便为干涉仪 4 千米长臂杆的建设提供良好的条件。通常情况下，传统的天文台会远离干扰源，选在如南美洲的阿塔卡马沙漠这样的地方。虽然每个选定的 LIGO 地点都是偏僻的，但实际上在利文斯顿的天文台会受到附近林业作业振动的影响，而汉福德也有自己的问题，该站点附近有一个钚铀提取厂，因此周围有很大一片被隔离起来的区域是没有其他公众活动的，但似乎工厂本身也会引起振动。

2017 年，汉福德钚铀提取厂发生坍塌事故，原因可能是在工厂附近维修道路的工作人员施工引发了隧道倒塌。隧道倒塌了，放射性物质裸露在空气里，LIGO 的汉福德工地不得不短暂疏散。汉福德的首席科学家迈克・兰德里（Mike Landry）评论说："在许多考虑因素中，LIGO 选址确实是为了不受地震噪声（通常较低）的影响。"虽然没有一个场地是完美的，但汉福德天文台的位置相对安静，例如，钚铀提取设施没有运行，而且该厂距离站点 12 英里（约 19.3 千米），对性能的影响可以忽略不计。虽然能源站所在地还有其他正在建设的设施，如玻璃化工厂，但这些地点大多距离很远，不会对天文台产生特别大的影响。

项目一开工，巴里什的关键举措之一就是加强加州理工学院和麻省理工学院之间的双向合作伙伴关系，并在全球范围内联合更多的专业团体。到 2015 年的活动时，LIGO 科学合作组织有近 1200 人，他们来自 16 个国家的 80 个机构。

两个天文台的初始版本于 2002 年投入使用。尽管人们希望在初始阶段能获得一些探测成果，但人们对此也未抱太大期望。建造第一代设备主要是为了进行技术验证和获取经验，解决引力波探测中存在的技术障碍。在实践中，LIGO 正是起到了这样的作用。

模拟宇宙

在 2002 年至 2015 年的 13 年间，设备已经逐步升级，灵敏度也越来越高，实验人员花费了大量时间来确保设备正常工作。理论家们也没有闲着。引力波天文学家面临的一个问题是，他们不一定能用传统的天文学方法看到引力波波源（事实上，到目前为止，还没有一个成功的探测有任何基于光的证据来支持它）。因此，考虑到两个天文台都探测到了波的踪迹，科学家们必须弄清楚他们所看到的到底是什么。

在某种程度上，这一直是射电天文学的一个问题，射电天文学也涉及探测数据流中的波状信号。但是，确定无线电信号来自哪个方向要容易得多，因为大多数射电望远镜都是高度定向的，而且射电源在不同频段也是可见的。通过组合不同频率的光，从无线电到可见光，再到 X 射线和伽马射线，人们通常可以清楚地看到所观察到的情况。但引力波事件很可能只包含被探测到的波的一小部分，这就是物理学家要研究的全部内容。没有后援，也没有明显的解释机制。

早在 20 世纪 60 年代，人们就认识到处理引力波观测的唯一现实的方法是对一系列潜在波源进行计算机模拟，产生标准的“模板”来显示不同类型事件的预期波形。

随着计算机技术的发展和项目的开展，人们越来越多地致力于建立引力波源波形的综合库。在早期，这项工作通常是由少数人完成的。根据索恩的说法，这种方法的进展太慢。由于 LIGO 的第一个版本即将上线，索恩和他的同事们组建了一个大约有 30 名理论家的小组，他们的工作就是组建一个可用的模拟库，以便在探测到引力波时与信号相匹配。

举例来说，当一对黑洞螺旋进入彼此并合并时，理论预测将会有一个独特的模式，在这个模式中，波的频率逐渐增加，然后是一系列更小、更快的振荡，在所谓的衰减期逐渐消失，当合并后的黑洞稳定成单一质量时，它们会来回振动。这是 2015 年 9 月检测到的波形的独特模式。

升级

经过十多年的运行，尽管大家曾怀有希望，然而两个巨大的天文观测站却仍然一无所获。基普·索恩认为物理学家和天文学家之间存在巨大的文化差异，项目建设的过程也正凸显了这一点。

许多杰出的天文学家无法想象在你看不到任何成果之前就要建造两代仪器，第一代花费了3亿美元，并且下一代的花费也与之相当。

其他人则有一些不同的观点。物理学家可能从来没有真正期望通过第一代仪器探测到任何东西，但他们肯定不会这样传达给提供资金的机构。科学社会学家哈里·柯林斯（Harry Collins）自韦伯棒诞生以来一直在观察引力波实验，根据他的说法，项目提案总是给人一种印象，即最新一代的设备，无论它是什么，都有潜力进行真正的探测。例如，在最初的LIGO文件中，有人声称一系列的波源都在LIGO的第一代仪器的灵敏度探测范围内，只是如柯林斯所说，但以“小号字体”指出这些假设源极可能并不存在。

杰伊·马克思（Jay Marx）和大卫·赖兹（David Reitze）将取代巴里·巴里什为继任的项目管理人，他们两人将负责为第二代天文台（2015年下半年投入运行的升级版LIGO）筹集资金，然后进行升级版LIGO的大规模重建，这就意味着要多花一大笔钱。在作者撰写本书时，LIGO已花费大约11亿美元（相比之下，欧洲核子研究中心建造大型强子对撞机的成本约为47.5亿美元，它的运行成本也比LIGO高得多，因此可以说LIGO本身仍是一个划算的项目）。

直到这两个站点经过两次大修才让 2015 年的活动得以实现。2009—2010 年，原始配置进行了升级，通过使用更强大的激光器等技术改进提高了探测仪的灵敏度。然后，在 2015 年 9 月，升级版 LIGO 开始使用灵敏度比原始设备高约四倍的探测器进行测试。尽管那些研究 LIGO 早期配置的人永远也无法宣布他们发现了引力波，但曾经有三次情况让成员们感到异常兴奋，因为早期仪器显示出似乎探测到了人们渴望已久的信号。

很难想象还有另一个实验能产生如此多戏剧性的虚假希望，尤其是其中一些是有人故意为之。

7

虚假的希望

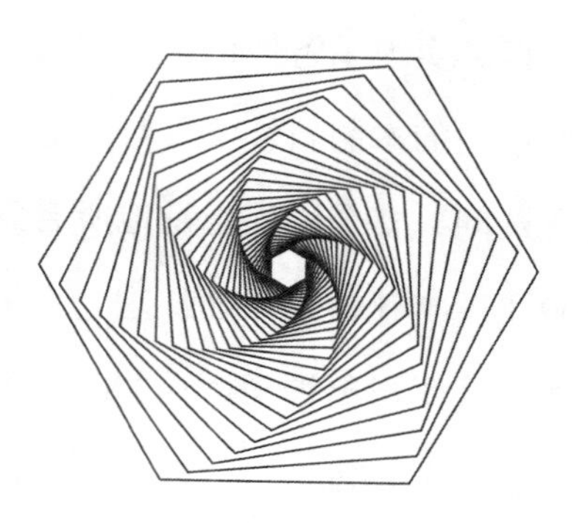

▶▶▶

把“虚假的希望”这样的概念应用于科学领域，这似乎看起来很奇怪。科学当然是基于事实而不是基于希望那样虚无缥缈的东西。然而，许多现代科学提出的只是概率性的结果，而不是确定的答案。

统计科学

曾经有一段时期，科学依赖于我们能看到或触摸到的东西，这意味着科学家可以真实地了解他们正在观察的东西。比如，当伽利略把球从精心搭建的木制斜坡滚下时，他就可以观察它们是如何加速的，毫无疑问，整个过程正是他所看到的。但是如果他想解释是什么导致了球加速，他只能从理论上进行解释。因此，举例来说，当他通过观察得出钟摆摆动的时间不依赖于钟摆末端移动的距离，这就是一种理论。

像这样的理论可能永远也不是事实，因为只需要一个反例就可以否定它。但是随着进行的实验和观察的次数的增多，经过修正的理论就越能与实际情况相一致，并且理论也会越翔实。在伽利略和钟摆的例子中，后来的研究人员发现，这个理论只适用于相对（幅度）较小的摆动，如果钟摆移动的距离很长，这个理论就不成立了，但是它可以提供一个有用的近似值。

碰巧的是，伽利略也是一场科学革命的领导者之一。在这场革命中，伽利略使用了一些增强感官的仪器，特别是他利用了望远镜，用肉眼观察到了太空中的木星，同时，伽利略用他的望远镜发现了围绕木星绕行的四颗卫星。这种仪器的使用对科学界来说是一个巨大的进步，但它也给观测带来了更多的不确定性。当我在地球表面看远处的某些物体时，可能会疑惑它是什么，但如果我能够走近它，通常就可以确定我实际上看到的是什么。比如，我可能会看到沙漠中有一摊水，然而当我靠近它时，水就会消失，因为那只是海市蜃楼罢了。

当我在远处看夜空中的某物时，我不能走近去检查我到底看到了什么——因此，可能会从望远镜提供的一些遥远物体的模糊图像而曲解了它。例如，大约在 19 世纪末，一些天文学家详细描述了火星表面的巨大运河状结构和绿色植物。这些为科幻小说作家提供了丰富的灵感，（从赫伯特·乔治·威尔斯到埃德加·赖斯·巴勒斯——都以此为创作素材），然而它们其实并不存在。很可能天文学家通过他们的仪器在最大可见范围的边界，看到了他们想要看到的东西。正如我们将在后面的“进入‘盲区’”一节中看到的那样，科学家们现在正在尽最大努力来减少自欺欺人的可能性。

然而，现代物理学离直接观察还有一定的距离，通过望远镜观察的天文学家们至少使用了人类的感官来进行观测，但许多现代实验完全是间接观察。科学家根本不会观察到现象，他们只是在计算机上看到一串数字，或者是一些表示这些数字的图形，然后解释这些数据并且指出导致这种现象发生的原因。在这一过程中不可避免地会存在一定程度的不确定性，而科学已经发展出一种机制来量化这种不确定性，即用“置信区间”来表示（这种不确定性）。

这些置信区间通常用“sigma”来表示。这个术语是一种描述标准偏差的统计度量，用小写希腊文字母“σ”（西格玛）表示。当把许多自然现象发生的概率绘制在图表上时，它们大都呈现正态分布规律，即该图符合钟形曲线。在这种情况下，约 68% 的事件将落在距平均值小于一个标准差的范围内，由 1 西格玛表示。

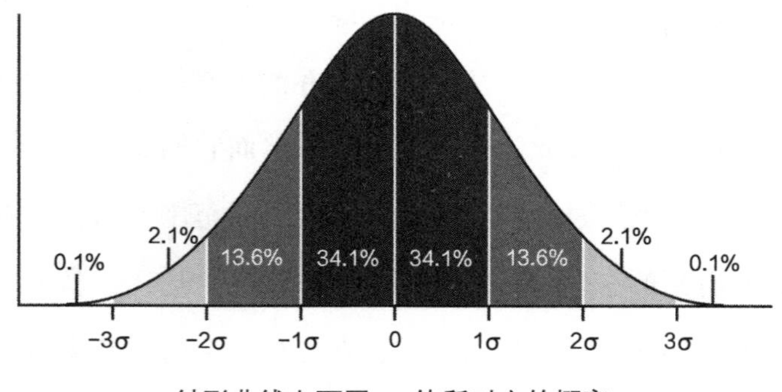

钟形曲线上不同 σ 值所对应的概率

当达到两个标准差或 2 西格玛的数值时，意味着有 95% 的可能性，事件会真实发生。当数值达到三个标准差或 3 西格玛时，事件发生的概率为 99.7%。置信区间越高，结果就越有说服力。

对这个问题我们应该谨慎，因为许多科学家也经常对置信区间产生困惑。假如我们正在验证一个假设，我们将采取一个适当的方法，来证明引力波观测站观测到的是引力波而不是噪声。我们做了计算，结果得到置信区间为 95%，但这并不意味着这个假设有 95% 的可能性是正确的，这只是意味着有 95% 的可能性我们观察到的事情不是偶然发生的。换句话说，如果你做了 100 次实验，你期望这个结果偶然出现的次数为 5 次。这与探测到引力波的概率为 95% 是不一样的。在事件确实发生的情况下，这可能是假设成立的概率，但在预先做出假设的情况下，我们实际得到的却是真实观察情况下可能发生的概率。

在社会科学和心理学中，95% 或 2 西格玛的置信区间通常被认为足以接受一个假设，但这会让物理学家们大吃一惊。接受这样一个相对较低的概率很容易导致报告出不准确的结果，因为每 20 次报告中就至少有 1 次是不准确的。正如韦伯声称的那样，尽管物理学有其自身的问题，但是这里的首选是 5 西格玛，即 350 万分之一的概率，而不是随机发生结果的 1/20 的概率。但需要注意的是，并不能完全排除这样事件发生的可能性。每周都有人彩票中奖，尽管中奖的概率较小。但它确实说明发生这种结果很可能是有原因的，尽管这个原因可能不是我们的假设，但它与我们的假设是一致的。

例如，当探测希格斯玻色子时，人们就必须使用这种测量方法。因为没有人看到希格斯玻色子，他们只是在一台计算机上看到了一组数字，这些数字可能与从希格斯粒子中衰变的其他粒子产生的轨迹一致，因为这组数字无缘无故产生的概率低于 350 万分之一（从而间接说明探测到了希格斯玻色子）。同样的间接统计证明也适用于寻找引力波，我们知道在 LIGO 实验中，导致反射镜的移动还有一些其他潜在的原因，但如果实验者得到 5 西格玛的结果，且没有其他原因，那么他们获得的这些数据不是来自引力波源的可能性就不到 350 万分之一。他们对该信号的解释对外开放，接受质疑。

如前所述，这种概率评估是通过使用“时间平移”的方法实现的。其中一个探测器的读数沿时间轴移动，直到它们与另一个探测器的信号一致。反复重复这个过程，最终得到两个完全随机且同时发生的相似信号概率。虽然这个结果是推算出的，但这能得到一个置信区间达到 5 西格玛的结果。例如，两个检测器的输出可以通过两秒钟的时间划分实现彼此相对移动，同时可以利用比如一周的时间来观察，对整个信号进行比较，然后再做一个两秒钟的时间划分，并再次进行比较。最终，即使实际的观察期只有一周，也会建立起一幅图像来表现在很长一段时间内发生巧合的可能性。

实际上，如果一个信号被认为可能是目标信号，那么它偶然发生的频率应该低于每一万年一次，以使得时间平移操作成为可能。对许多科学家来说，这种对数据的操作和测试是每天都要做的，但也有人担心这种操纵背后可能存在不良动机。

它们是真的吗？

总是有阴谋论者站在角落，他们盯着一些重大的科学发现，试图证明它们是骗人的。最臭名昭著的是，仍然有人认为阿波罗登月任务从未成功，我们在电视屏幕上所看到的画面都是在演播室里模拟出来的。他们的言论没有一个经得起适当的科学审查，阴谋论者提供的“证据”在事实面前不堪一击（例如，尽管没有风吹美国国旗，但国旗仍在飘扬。事实上，国旗的设计者意识到会发生这种情况，于是在顶部安装了一个弹簧）。或许，对此最好的反驳是，像这样的阴谋太难保密了。

毕竟成千上万的人都会参与到这样的秘密行动中，那么“假登月”的证据不可避免地会被泄露。尤其是没有人试图掩盖像阿波罗 1 号和阿波罗 13 号这样的悲剧，在这种情况下花这么大的力气愚弄公众、制造登月假象是难以理解的。然而，一些科学家提出了这样的问题：LIGO 的探测结果充其量证明了存在引力波只是一个错误的判断，但最坏的情况是有人企图误导大众。

当然，我们可以想象出一个比阿波罗飞船登陆月球更现实的理由来解释引力波探测的“阴谋”。阴谋论会是这样的，LIGO 项目已经投入了大量的资金和人力，正如人们所知的，有 1 000 多人投入其中并且已经花费了 10 多亿美元，然而直到 2015 年，50 年的引力波研究都没有任何结果，一点收获都没有，那么政府还会持续投入大量资金吗？如果升级版的 LIGO 失败了，探测引力波的梦想会破灭吗？因此，为了让项目继续下去，LIGO 科学合作组织会制造一些假的检测结果作为一种保险，这样项目就能继续进行，今后随着仪器灵敏度的不断提高，很可能会得出一些真正的探测结果。哦，有人提到诺贝尔奖了吗？

让这个阴谋看起来似乎合理的一个原因是，与阿波罗阴谋相比，它很容易做到并被掩盖。比起伪造登月的视频，在这个实验中所需要的只是几分之一秒内波形的微小变化，只需调整相对较少的数据量。更重要的是这个机制确实存在，这是用于测试系统所需的必要的程序之一，而且很有可能在只有少数人知道的情况下注入“假信号”。使用“假数据”是为了故意产生假读数以测试程序是否正常工作，而这个过程可以在只有三四个人知道的情况下进行。

虽然没有任何迹象表明探测过程中确实使用了“假数据”，但在这种情况下，一些科学家积极地要求对数据进行解释也就不足为奇了。哥本哈根的尼尔斯·玻尔研究所（Niels Bohr Institute）和北京的高能物理研究所（Institute of High Energy Physics）的物理学家在2017年发表了一篇论文，指出2015年的事件可能只是两个地点碰巧发生的背景噪声。

为了在检测中探测到更为明显的波形，LIGO科学家对数据进行了处理，去除了大量背景噪声。2017年的论文表明，当噪声本身在事件附近被检测时，两个检测器之间存在相关性——背景噪声本身在两个位置平行上升和下降，关键是上升和下降之间的滞后与被识别为引力波的信号之间的滞后相同。论文中还写道，这可能是由于附近校准线上的信号造成的，这些信号可能会在两个观测站之间产生干扰，但时间上可能会有轻微差别。

这是少数人的意见。在处理这类依赖于大量统计分析和数据预处理的科学时，难免会出现一些相互矛盾的意见。对此，LIGO的一位科学家提出，上述论文中所说的相关性是由用来分析数据的机制产生的，涉及一种被称为傅立叶变换的技术，这种技术将复杂信号分解为一组简单的波形。LIGO团队认为分析机制本身就足以产生明显的相关性，而数据中并没有任何奇怪之处，而持对立观点的科学家们已经对 LIGO 的论点提出了质疑。

到撰写本书时，人们普遍的看法仍然是相信 LIGO 的探测是真正的引力波探测，科学界不会让阴谋论者认为可疑的发现（特别是在广义相对论发表 100 周年之际的发现）不经过仔细分析和评估就成立，但是意识到有人对此表示怀疑也很重要。引力波事件不是清晰简单的事实观测，而是对高度可操纵数据的复杂分析。这也适用于处理时间平移，幸亏出现了“小狗事件”。

对付小狗

在使用时间平移方法的计算过程中，有可能会陷入某种混乱，这种混乱在科学界中被称为“小狗”（这个晦涩的名字来源于“大犬”事件，这是 LIGO 团队遇到的首个难题）。正如我们已经看到的，在时间平移的过程中，两个检测器的波形被排在一起，对每次时间平移后的波形进行对比，以检测两个探测器接收到的同一时间到达的信号是否为真实的信号。但是，如果两个事件的其中之一是使用这种方法检查的实际事件，那又该如何处理？因为，这意味着一个检测器的输出可能是“真实”事件，而另一个肯定是背景噪声。

这种组合就被称为“小狗”，人们对如何处理它产生了困惑。如果这个过程测试的事件是真实的，那么它就不是背景噪声的一部分，所以不应该包含在时间平移的过程中。但如果事件不是真实的——如果它只是一个巧合——那么它就是背景噪声的一部分，必须应该要被计算在内。不幸的是，如果不进行时间平移计算分析，科学家也无法确定一个事件是否是真实的。

碰巧的是，2015 年 9 月 14 日的事件中（探测）信号非常强烈，与背景噪声完全不同，所以完全不需要考虑“小狗”的问题，但当测试信号比较微弱时，不可避免地会出现令人担忧的“小狗”问题。为了解决这个问题，我们决定，如果正在测试的事件与 9 月出现的情况没有太大的不同，则应该计算包括小狗在内的背景噪声，但当探测运行中出现任何信号更弱的情况时，则应删除这些背景噪声，依此类推。这仍然只是检查的一部分：LIGO 实验者还需要确保自己不会有意或无意地影响数据分析。他们需要采取一种被称为“盲法”的方法。

进入“盲区”

科学家们喜欢强调他们在工作中有多客观，但归根结底，他们也是有期望和偏见的人，一个完善的科学过程需要考虑到这一点。我们现在经常在医学领域听到“双盲”药物试验。长期以来，人们一直认为我们应该让服用试验药物的人蒙在鼓里，因为如果他们知道自己服用的是药物还是安慰剂，他们就会有不同的反应。

但“双盲”意味着参与试验的科学家也不知道服药的情况，直到测验结果被记录下来，因为他们也可能受到预期的影响。如果他们知道真实的情况，他们就有可能通过不同的方式来影响受试者，并且对结果进行选择性地处理。

这种在数据被记录之前，保持实验者对于实验信息不了解的“双盲”方法也逐渐扩展到其他领域，比如物理学。但它的应用仍然远不如在医学中的运用普遍，因为物理学本身就很难设计出一个物理学家被蒙在鼓里的实验。但是，如果没有这个附加条件，实验就存在着明显的误差风险，即所谓的实验者偏向。

在实验中，实验者偏向的经典案例可以追溯到20世纪60年代哈佛大学的一项研究。一组学生被要求做一个关于老鼠行为的实验，却没有意识到实际上他们才是真正的实验室“老鼠”。在实验中，研究者分发给学生们一组老鼠，让他们研究老鼠处理简单T形迷宫的能力。他们被告知，一些学生分配到的是一些特别聪明的老鼠，而另一些学生分配到的则是一些智力低于平均水平的老鼠。每天学生们都记录下老鼠的表现，不出所料，聪明的老鼠每天的表现都远远优于愚笨的老鼠。

对这些学生而言，他们正在进行一项普通的科学研究，客观地记录数据并为假说提供证据。然而，实际上他们无意识地将数据塑造成了他们所期待的样子。因为事实上所有的老鼠能力水平是一致的，并没有特别聪明或特别愚笨的老鼠。

多年来，人们已经发现了一系列的做法造成了对客观数据的歪曲。学生们有时可能会面对这样的情况：一只老鼠走出了迷宫，但并不是按照实验设计中所预期的方式。例如，一只老鼠可能会跳出迷宫的墙壁而不是绕着它走出来。在决定是否应该把这样一种情况算作成功时，学生们往往会对“聪明”的老鼠“放水”。

同样，他们也可以采取摘樱桃的策略。这是一个选择支持你假设的结果，并丢弃其余结果的情况。这在早期的科学实验中并不少见，比如基本可以确定牛顿这样做过，现代科学家意识到他们不应该以这种方式进行选择。然而，你不需要成为一个骗子来挑选樱桃。例如，想象一下，一只“聪明”的老鼠没有通过测试，如果在实验过程中碰巧有很大的干扰噪声，实验者可能决定忽略这个测试，不计入最终结果，因为噪声可能分散了老鼠的注意力。但是，如果这是一只“愚笨”的老鼠，学生很可能会认为老鼠无论如何都会失败，并将此次测试结果记录下来。

还有一种可能性是，和“愚笨”的老鼠相比，学生们无意识地对“聪明”的老鼠更好，这让“聪明”的老鼠更放松，压力更小，能够更好地完成任务。当然，LIGO 的科学家们不会因为更加青睐某一种技术而得到不同的结果。但他们仍然有机会选择结果，并且主观接受或者拒绝某一结果，这意味着使用盲法的实验方法似乎是有必要的。

像LIGO这样的实验不可能进行与药物试验相同的双盲法。在医学实验中，实验者不知道哪些患者得到了药物，哪些得到了安慰剂。而在LIGO实验中，实验人员必须能够对数据进行一些初步分析以微调探测器和用于处理数据的软件。因此，他们采取了分割数据的做法，可以完全使用10%的数据进行校准，但在确定处理数据的确切方法之前，要把其余数据隐藏起来。先前，很可能是没有使用这种盲法实验方法，导致了早期的棒状探测器无法再探测到之前的结果。

即使有了这种盲法，仍然存在一些潜在的问题。为了避免给实验系统带来任何可能的误导性错误信号，LIGO软件提供了一个在数据可能不可靠时标记帧周期的机会，例如一架喷气式飞机低空飞过其中一个探测器，或者一场大地震致使两个地方都产生了震动的情况。但是因为决定是否标记帧周期是一个主观的决定，所以人们还是有一个无意识筛选结果的机会。同样，一些关于时间平移的计算方法的细节也取决于人的选择。

时间平移的计算方法提供了一个客观的科学机制，然而这个方法也有两个方面是主观的。人们必须要决定在移动一个信号区间，并将其与另一个信号区间进行比较时，位移增量有多大。例如，时移应该是10秒，1秒，还是十分之一秒？必须有人决定从哪里开始和停止对照实验。考虑到随机事件的发生往往比较集中，而不是均匀发生的，因此完全有可能选择一个杂散信号极少或极多的时间段。

自 2002 年 LIGO 首次投入使用以来，LIGO 的每次运行都必须考虑到所有这些因素。一旦出现一次严重的潜在信号检测，就说明确实存在危险了。

第一次警报

在 2015 年的发现之前，还有两次重大的发现，分别发生在 2007 年和 2010 年，此外还有一次发生在 2004 年的离奇事件，被称为“飞机事件”，它显示了由于使用盲法实验而产生的意想不到的困难。在“盲数据”被检查之前，用来修正规则的一组数据中没有任何数据表明低空飞行的飞机引起了振动。但是当所有资料被公开时（这一过程被称为打开盒子），似乎很有可能是一架飞机飞过引起了一个强信号，这个信号也记录在返回背景数据的其中一个音频通道上。

显然，这不是一个真实的事件（除了当引力波存在且飞机正好飞过这种不太可能的情况）。但是在统计方法确定后，这些规则排除了“摘樱桃”的可能性。因此，他们要么不得不在分析中使用几乎可以肯定是不正确的数据，要么在消除“盲数据”之前打破修正协议的规则。由于在整个过程中没有其他重要的信号，这些做法看起来似乎都是白费力气，但是科学家们十分重视那些显然缺少某些东西的数据。它可以帮助设置你可以观察到的最低水平——提供一种有用的标准框架。不过，使用他们认为与引力波无关的数据有意义吗？

试图决定如何处理这些数据的科学家们未能达成共识，所以他们进行了投票表决，最终删除了飞机数据。正如出席投票活动的科学社会学家哈里·柯林斯（Harry Collins）所说：“科学意味着对所有人都具有普遍的说服力。……不是说科学中没有任何争议，而是用投票表决的方式来解决这些争议，使‘科学’手段无法解决争议的想法合法化；无论是从证据中归纳出来的原因，还是从原则中总结出的理由都不能使每个人都认同。”

故意造假

飞机事件是由于使用的既定规则而导致的错误，但是LIGO团队必须始终意识到这样一种可能性，即发生的事情看似是一个真实的事件，实际上却是一次“假数据”的测试。正如我们在第1章中看到的，为了查看系统的性能如何，我们可以通过勘测在LIGO观测期间内的某个时刻，在两个探测器的馈源引入一个假信号以查看探测器是否以及如何发现该信号。一些人负责引入这种迷惑性的“假信号”，只有他们和项目的总负责人知道这件事。对于其他实验者来说，在研究团队宣布他们的发现之前，他们要经历漫长的实验周期，而在此期间“假数据”会被当作是一个被探测到的真正的信号，经过几个月的努力，直到最后一刻真相被揭晓。

引入“假数据”的过程非常重要，它不仅可以查看检测机制是否探测了可能的真实信号，还可以确保时间平移计算的正常运行，包括及时将一组数据相对于另一组数据进行平移计算，以产生假的巧合并为发生的事情提供统计依据。公平地说，虽然“假数据”的测试是有必要的，但被误导过的人很不喜欢这种测试方式，就好比他们不得不接受恶作剧也是他们工作的一部分一样。

正如一位科学家评论的那样，制造伪造事件的可能性意味着你所有的热情都被磨灭了，这是在扰乱你的思绪，引入“假数据”的过程不可避免地降低了最初的兴奋感，因为人们知道这可能是一个人为的虚假事件。“假数据”测试也许是有道理的，但这需要实验者有很大的耐心。

秋分和大犬

2007 年 9 月，这种耐心就受到了考验。LOGO 检测到了一个信号，该信号符合所有的标准，于是可以向外界公布了，LIGO 的实验者都非常兴奋。历经 18 个月，科学家小组对数据进行了分析，编写了报告并逐步完成了核实和分析的每一步骤。直到他们几乎已经准备好告诉世界这项重大发现时，才发现这是一次“假数据”的测试。由于对此事件的过于关注和投入，实验者们错过了在此期间的第二次“假数据”测试，这对 LIGO 团队来说确实是一个错误。在整个实验的最后，一切都被证明，这只是一次演练。

这次人为的伪造事件发生在秋分，所以它被称为“秋分事件”。毫无疑问，它让所有相关人员都感到非常沮丧，但从事此次“伪造”项目的科学家们必须全程参与。只有从假的“伪造数据”、复杂的分析和准备过程中吸取经验教训，直到完成整个实验，团队才能够改进实验方式和加快完成实验的进程。

当 2010 年 9 月 LIGO 检测到另一个大的信号时，18 个月的实验进程已经缩短到只有 6 个月。这一发现似乎是来自大犬星座（Big Dog），它也因此得名。检测进程再次进行，LIGO 的报告说明，这次的情况与一对黑洞合并后的预期信号“非常吻合”。信号被发送至光学天文台，希望能得到确认。虽然该信号比 LIGO 接收到的信号弱得多，但 VIRGO 探测器也探测到了信号。然后“真相”就被公布了。

不幸的是，这又是一次“假数据”测试，而且情况比上次更糟。因为这次的假数据叠加了程序本身产生的另一错误数据，分析过程对此均未发现，因而得出了信号来自大犬星座方向一对黑洞合并的结论。而事实是测试的假数据既非来自大犬星座方向，也非来自黑洞合并。

引入“假数据”并不仅仅是为了确保研究小组能够发现事件信号并正确分析数据，研究小组还借此真实演练了从观察实验到宣布结果的整个过程。人们希望，在未来的实验检测中，时间可以减少到处理大犬事件的一半，即三个月。实际上，2015 年 9 月的发现是在探测到信号的五个月后才宣布的消息。

扩展 BICEPs

尽管引力波天文学在很大程度上依赖于 LIGO 这样的干涉仪，但在 2014 年，这项技术似乎被一种与之完全不同的名为 BICEP 2 的系统（宇宙泛星系偏振背景成像，Background Imaging of Cosmic Extragalactic Polarization）取代，这是宇宙星系外偏振实验背景成像系列中的第二个系统。BICEP 2 位于偏远的阿蒙森-斯科特南极站，由一组敏感度极高的深冷探测器组成——实际上就是一组专业的小型射电望远镜，其主要工作范围在微波区域，以寻找宇宙微波背景的特殊情况。

这种充满了整个宇宙并从四面八方到达地球的背景辐射被描述为“大爆炸回声”。如果确实如此，那么这个回声来得也太迟了。在宇宙发展形成的早期阶段，人们认为它是不透明的，因为构成宇宙的炽热带电粒子和能量会吸收所有的光，并阻碍光的传播。但是在大约 38 万年后，足够多的这种等离子体转化为了普通的原子，高能光能够爆炸并穿过宇宙。从那以后，同样的光就一直在传播。随着宇宙持续快速的膨胀，曾经的高能伽马射线发生了红移现象（谢天谢地），它的波长随着膨胀一直延伸到微波区域，即波长为厘米量级的电磁辐射。

对于这种宇宙微波背景辐射，人们已经持续观测很多年了。最初这种辐射是由地面射电望远镜捕捉到的（它甚至是以前在调频时出现在模拟电视屏幕上的雪花点的一部分），最近人们又利用卫星对其进行了观测。然而，BICEP 2 正在宇宙背景辐射中寻找一种特殊的形式，这将为继大爆炸理论后的一种理论提供支持，而大爆炸理论的主要内容最近也面临着越来越多的挑战。具体地说，该实验观察了宇宙背景辐射的偏振现象。

宇宙拉伸纹

20 世纪 30 年代发展起来的大爆炸理论是很有道理的。它是通过想象一个不断膨胀的宇宙从而回溯到我们可能看到的区域，

“可观测的宇宙”现在延伸到大约 900 亿光年的空间，追溯的空间可以越来越小，这意味着我们可以追溯到过去约 138 亿年前的起源点。但这个简单明了的理论仍然有一些问题。

首先，整个宇宙似乎太统一了。当我们望向太空并看到近真空和令人难以置信的密集恒星混合在一起时，这对我们来说似乎不太可能。就太阳系或星系而言，宇宙绝不是统一的，但是作为一个整体而言，宇宙的大部分构成是非常相似的。这就要求可见宇宙的所有点都曾经紧密接触，然而宇宙似乎太大了，以至于直接简单的膨胀无法产生这样的结果。其次，星系的结构必须来自某个地方。但是那是哪里呢?

20 世纪 80 年代，天体物理学家艾伦·古斯（Alan Guth）率先提出宇宙膨胀论来解释这些问题。他认为是在大爆炸后不久，宇宙经历了突然而戏剧性的膨胀，远远快于其正常速度。实际上，其膨胀是如此之快，以至于已经远远超过了光速（根据相对论，没有什么能比光在太空中移动得更快，但这并不能阻止太空本身更快地膨胀）。这一膨胀理论表明，宇宙在极短的时间内就变得是之前的几千万亿倍大，然后膨胀过程停止了。

宇宙大爆炸理论的这样一个“补丁”确实填补了在现实中无法解释的那些空白——既扩展了早期的一致性，又将微小的量子变化转化为大规模星系团结构的种子。然而，几乎没有有效的证据证明这一过程的发生。到建造 BICEP 时，在宇宙学和天体物理学的某些边缘领域，人们越来越怀疑宇宙膨胀论是一个失败的理论。

BICEP 探测器的作用是从突如其来的剧烈膨胀的影响中探测到宇宙“拉伸纹”。如果真的发生了宇宙膨胀，可以预计的是，这种空间的剧烈膨胀会引发引力波，这些引力波应该会对宇宙背景辐射的极化产生影响。

光的偏振态

偏振是光的一种特性，如果我们把光看作一种波，就很容易想象得到。准确地说，就像双重波一样，一个产生电波的电磁波，这个电磁波又产生了磁波，它通过自己的引导带牵引自己前进，就像我们在第 2 章中看到的那样。但是，这种波只能以一种速度存在——光速，这真正暗示了什么是光。正如我们所看到的，与光的传播方向相比，这些波是侧向振动的，电波与电磁波传播方向成直角。

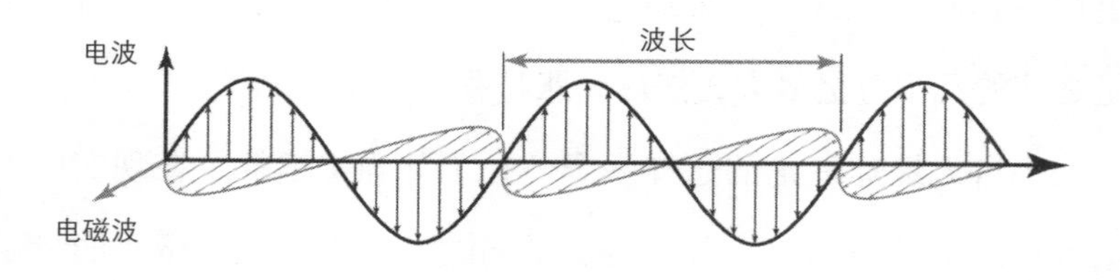

垂直偏振光中波的方向

光通常有一系列偏振状态，其中偏振方向被认为是电波的方向。如果我们不把光看作光子流，那么偏振态则是具有特定方向的光子的一种属性，并且组成光束的每个单独的光子可以有不同的偏振态。然而，还有一种可能性是，光源在同一方向发出所有偏振状态的光子，在这种情况下，光束作为一个整体被描述为处于偏振状态，如激光是偏振态的，而普通光和物质之间的某些相互作用会导致比通常数量更多的光子被类似地偏振。例如，反射光是部分偏振态，所以宝丽来太阳镜能够过滤掉很多反射光，使其只能透过一个方向上的偏振光。

由早期宇宙膨胀引起的引力波预计会产生第一束具有偏振模式的光——BICEP 2 探测器（和它的前身 BICEP 1）就是为了研究这种偏振状态。适当的探测不仅会为宇宙膨胀理论提供理论支撑，而且根据引力波的强度及其影响，应该也有可能区分膨胀理论中的许多变体。当然，这将是引力波存在的证据，但引力波尚未被直接发现。

然而，当 2014 年 3 月 17 日科学家宣布 BICEP 2 探测到这些“原始”引力波预期会产生的宇宙背景辐射中的偏振类型时，人们感到相当兴奋。

一叶障目

在很短的一段时间内，BICEP 2 被认为是一个成功的实验。但在接下来的几个月里，随着更多细节浮出水面，人们认为这一发现还存在问题。直到 2014 年 9 月，普朗克卫星的数据表明，这一结果与宇宙背景辐射的偏振无关，而是由星际尘埃引起的。

尽管 BICEP 2 团队决定在业界同行对科学论文进行详细评审之前，在哈佛大学的新闻发布会上宣布这项发现，但这同样无济于事。在宣布后的几个小时内，科学界发出了越来越多质疑的声音。BICEP 2 背后的哈佛大学研究小组已经意识到了星际尘埃的潜在影响，但他们错误地估计了其影响，也大大低估了它对信号的影响。在新闻发布会后的几周内，普林斯顿大学理论物理中心的保罗·斯坦哈特（Paul Steinhardt）在《自然》杂志上写道："分析中的致命缺陷已经暴露出来了，这些缺陷将本来可靠的检测变成了无用的探测结果。"

这个问题反映了这项实验固有的困难，某种特定的原因会导致这种被微波辐射探测器探测到的微小变化，但像尘埃这样的物质很容易挡住信号并同时散射辐射，从而完全扰乱观察结果。

BICEP 团队还没有放弃探测，在撰写本书时，一个对信号更敏感的 BICEP 3 实验正在进行，但到目前为止，我们仍然没有找到这些原始引力波的证据。

不是真的

即使 BICEP 2 的检测是真实的，它也远没有成功的 LIGO 观测重要。我们回到间接观察引力波影响的实验上，BICEP 2 正在从理论上寻找这些波对宇宙微波背景的影响，而不是直接观察实际上仍然存在的引力波，并为天文学提供一个全新的载体。对宇宙微波背景偏振态的预期变化的观察可能为宇宙早期的发展提供了有用的线索——到底是借鉴膨胀理论，还是不借鉴该理论——但与 LIGO 相比，这只是一个很小的进步。

然而不幸的是，所有的证据都表明 LIGO 似乎也要失败，唯一的发现要么是错误，要么就是引入“假数据”的情况。这一切直到 2015 年 9 月 14 日的发现出现才发生了变化。

8

了不起的引力波

▶▶▶

重新审视

在2015年9月14日之后的两天中，随着更多信息陆续出现，LIGO团队收到了越来越多询问的邮件。这是升级版LIGO系统在运行中第三次检测到信号，但这只是测试阶段，预计还会出现故障。

该系统早期的工程运行“信号”很容易被误认为是噪声。但是直到9月16日的中午，突破小组要求联盟启动“第一步，申请首次探测”。突破组是负责探测系统的小组，该探测系统最初标记的信号不是与宇宙活动诸多模型相匹配的信号，而只是寻找一个强烈的以及意想不到的波形。当时，有“误报率”也小于200年一次，这也是替代“西格玛”的一种方法（西格玛是一种常见的描述数据重要性的方法）。

没人想到这么快就能探测到有可能正确的信号，这是LIGO的升级版本第一次正常运行（尽管没有完全检测能力）。但是LIGO天文台即使在最佳情况下都偶尔有不稳定的状况，大约有一半时间会出现故障，要么是因为其中一个系统有故障，要么是因为外部振动对环境造成了影响。这么快就发现了一个有可能是引力波的信号，而且是一个很强的信号，这似乎是一件非常幸运的事。基普·索恩说，他们从未期望第一个检测到的信号就如此明显，他们以为必须煞费苦心地将其从背景噪声中提取出来，信号才能变得明显，而这是一个清晰的波形，只需最少的预处理就能得到。

这并不是说探测器在引力波到来之前都探测不到任何信号，然后在引力波出现时突然探测到信号。干涉仪的灵敏度非常高，总会有一些东西被记录下来，比如背景噪声的细微波动。但令人震惊的是，在信号持续时间仅为 0.07 秒左右的时段内，最初信号的强度有所增加，与此同时，汉福德和利文斯顿观测台探测到信号突然变得一致起来。通常这两个探测器接收到的信号以不相关的方式随机移动，在这短暂的时间里，两个探测器就像一对终于掌握了高超技艺的舞者一样开始同步。

应该强调的是，即使在这时，在比较信号之前也会对信号进行一些处理。这是一套标准的处理方法，主要是为了解决两个天文台在方位和结构上的差异。每个天文台的双臂都是定向的，所以当汉福德观测台的“左臂”信号被抑制时，利文斯顿观测台的“右臂”信号也会被抑制，反之亦然，所以其中一个波形必须要颠倒过来。考虑到地球的曲率和两个天文台之间关系的微妙变化和差异，正如索恩所说的那样，研究小组必须了解不同探测器的“个性”。这些都不是复制克隆批量生产出的装置，每一部分都是一次性的结构。

“第一步”请求是一个可行的四阶段过程的开始，这个过程需要仔细检查，为向世界宣布第一次的引力波探测做好准备。做一个需要几十年才能完成的项目的一个好处是，如果他们有可能取得突破，那些参与其中的人有足够的时间为他们将要做的事情做好充分的准备。在此之前，这一实验过程只进行了两次，一次是秋分事件，另一次是大犬事件。

小步前进

第一步启动伊始，实验团队就开始担心这又是一次“盲注”测试。自从秋分和大犬事件后，作为一个简单公开的测试系统，“盲注”被继续执行，但很快团队就确定这不是又一次的测试。继续执行“盲注”不是一个被普遍接受的决定。有些人认为已经吸取了教训，“盲注”只适合项目测试阶段，在项目运行后并不合适。甚至有人说，在过去的事件中一些科学家作弊，偷看了一些被证实使用了“盲注”方法的数据，以避免在不必要的分析上浪费时间。

而以前的天文学家就不必在他们的工作中忍受这种干扰了。“盲注”法对系统的发展很重要，但它们并没有在《自然》杂志上被报道，却一直被保留在LIGO的项目中，可以说是因为这种方法才可以合理地否认会发生信息泄露的情况。但问题是，一次检测往往需要几个月的时间才能得出结论，这意味着在这样一个社交媒体极其发达的世界里很难保守秘密。LIGO 的高层应该已经意识到在 2014 年关于 BICEP 2 的结果公布得太早了，所以他们不想重蹈覆辙。“盲注”法的可能性意味着如果项目还处于重要的分析模式阶段，公关信息可以是：这里没什么可关注的，一切都可能只是“盲注”。

对反“盲注”法阵营里的人来说，值得安慰的是，这是一项工程项目，因此没有合适的理由在观察期间进行“盲注”实验，这些观察是关于测试机器功能和对设备进行最后一次的调整，而不是对测试的分析过程，但这个逻辑不足以说服每个人。尽管至少有一名高级管理人员向合作伙伴宣布，肯定没有使用“盲注”法，但之前伪造事件对人们的心理影响很大，很多科学家仍然持怀疑态度。他们甚至认为可能有黑客向他们的系统中恶意注入数据，尽管门外汉似乎不太可能有足够的专业知识来发出合适的迷惑性信号。

这并不是分析数据的团队面临的唯一问题。由于信号出现在工程运行期间，因此只有有限的数据量可用于进行统计时间平移，以探测可能偶然发生的情况。事实上，这还达不到验证数据所需的数据量。那么，在探测后第 4 天开始的第一次正式观测所得到的数据是否也可用作背景数据进行检查呢？这要取决于观察运行的设备设置的相似程度。如果它与工程运行的设置相比有很大的不同（通常情况下是这样），那么结果将是无效的。

在观察运行期间使用时间平移法给运行团队带来了很大的问题。工程运行的要点是能够调整系统并修复任何小的技术问题。但是，如果对实验装置进行任何更改，就不能对工程运行和观察运行的数据进行比较，这意味着要尽可能地“冻结”探测器直到收集到足够的数据。这种冻结将从 9 月 18 日第一次观测开始并一直持续到 10 月 20 日。因为必须忽略一些已知的错误，一些科学家和工程师对此表示不满。

更令人担忧的是，这不能被视为符合“盲法”，因为信号是在公开的数据中发现的。而且，很大一部分数据可能仍然是未知的，这意味着整个过程都没有对数据进行微调，并且，因为信号十分清晰，那些认为不符合“盲法”也没有关系的看法就值得商榷了。例如，只要在进行任何分析之前对时间平移法的规则达成一致，那么几乎就不会出现错误了。

与此同时，关于这些时间平移片段应该设置为多长时间，科学家们也进行了相当多的讨论。若将时间大幅缩短，则可以从相同数量的数据中获得更多的对比，但同时如果时间过短，同样的振动脉冲则有可能被比较两次，因为明显的信号持续的时间比划分的时间片段长。

打开盒子

大约在获得第一次观测运行数据的一周以后，有人建议是时候“打开”盲数据的盒子并且研究通过时间平移法得到的数据了。在这个阶段，得到的数据还不足以对外发布，但足够打消实验人员内部的疑虑，此时已经是 10 月 5 日了。尽管担心可能出现重复计数的情况，但人们还是决定设置 0.2 秒的时间段，它提供的比较次数是 2 秒的 10 倍，3 秒的 15 倍。这个过程在“盒子”被打开之前就已经完成了（但是结果还没有被检测到），这意味着马上就可以得到结果了。

如果在利用时间平移法得到的任何一组数据中，有匹配符合模拟波形中的一个波形，那么这个发现就很重要了，因为它可以证明该事件不是随机发生的。然而结果表明并没有这样的匹配。唯一匹配的情况就是 9 月 15 日的发现，这种情况的误报率大约每 3 万年才有 1 次。

严格地说，在这个阶段，这个事件仍然可能是“盲注”事件。直到过程进行到第四步，也就是信息公开之前，才能打开“信封”来验证事情是否是这样的。但是在实验合作中，大家越来越觉得这次是真的，在经历了秋分和大犬事件的失望之后，大家的期待感与日俱增。

为向全世界宣布做准备

令人惊讶的也许是在团队准备他们的第一篇论文和公告时，他们对于将要宣布的内容存在着激烈的争议，即究竟该如何表达两个关键的主张——这是对引力波的第一次直接探测，也是对黑洞的第一次直接观测。

虽然毫无疑问，参与研究的科学家们希望成为第一个取得重大突破的人，但他们也知道引力波已经被间接探测到了，也有一些人担心对自己期望太高。在科学上，自我膨胀被认为是一件不好的事。如果波的来源肯定是一对旋进黑洞，那么申明已经第一次直接观测到这一宇宙现象就是正确的。以前所有关于黑洞的一切要么来自纯理论研究，要么来自它们对周围环境的影响，大家认为似乎黑洞是一切影响的罪魁祸首。但一些参与项目的人指出，原则上，这也可能是其他一些宇宙现象。

由于理论预言黑洞会以这种方式运行，并产生这样的波形，所以就假设震源就是黑洞。但这一理论可能是错误的，因为可能是另一种现象产生了同样的效果。举个例子，如果你听到房子外面有一声巨响而不往外看，你会想到什么？你可能会认为发生了一场交通事故。然而，这也可能是由其他原因引起的，比如飞机的发动机意外掉落了。仅仅依靠理论就直接说发生了一起交通事故是不可靠的。

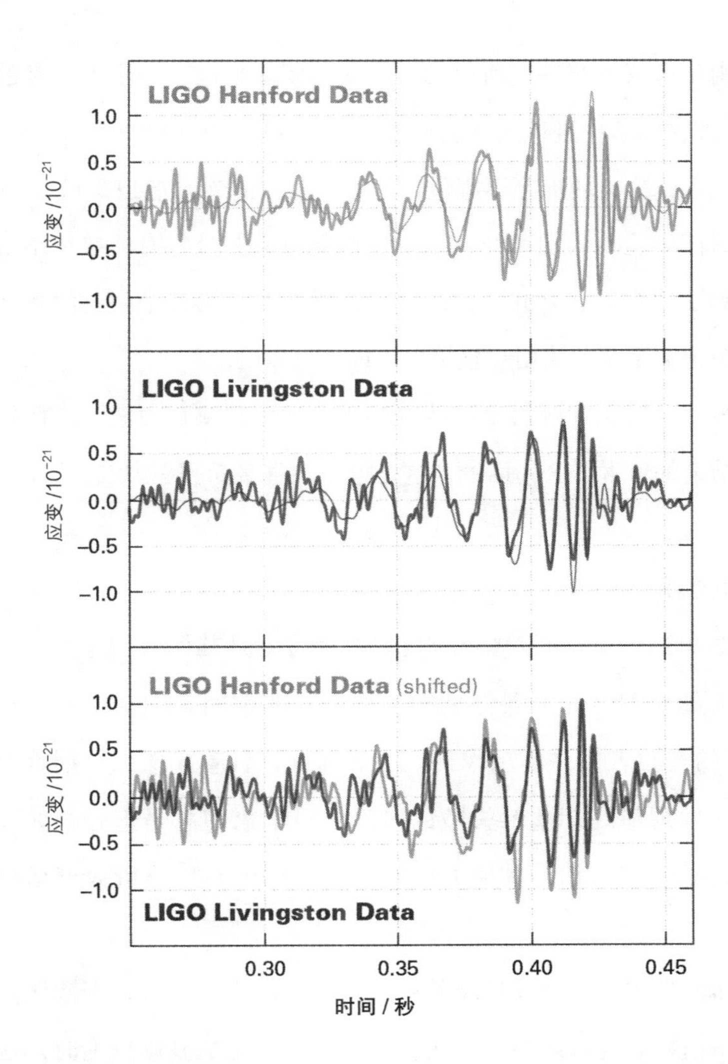

来自汉福德的 2015 年 9 月事件数据（顶部）、利文斯顿的数据（中间）和组合数据（底部）。顶部两条隐约的线显示了旋进黑洞模型所预言的波形。

LIGO

由于争议性很高，所以撰写论文的团队采取了一个不寻常的方法，即在团队中进行民意调查来确定呈现这项发现的种种细节。结果显示，论文的标题不应包含“直接”一词（或指LIGO），尽管到目前为止，人们已经开始对黑洞下定义并且所有的票选结果都提到了“双黑洞合并”。然而，民意调查中第二个问题的答案是：在论文正文中使用“直接”一词是可以的。

最后，论文的题目是“从双黑洞合并中观测引力波”，而摘要和结论都包含了一句话：“这是第一次直接探测引力波。”

秘密和谎言

也许LIGO此次发现最有争议的地方就是其保密的方式。和这么大的联盟合作，要做到完全保密是非常困难的，但是最初LIGO的实验者们并不想像BICEP 2那样，冒着在探测早期就对外宣布发现最终却遗憾失败的风险。科学家们总是担心，如果他们过早公布数据，其他人可能会比他们更快地分析数据赢得赞誉。

即使是像理论这样抽象的东西，在以前肯定也有这个问题。当阿尔伯特·爱因斯坦第一次提出广义相对论的基础理论时，这个理论就最终预言了引力波的存在，他与德国著名数学家戴维·希尔伯特（David Hilbert）分享了他的一些早期工作。结果，希尔伯特，一个毫无疑问在数学上比爱因斯坦更优秀的数学家，开始研究他自己的引力场方程，只是因为他在最后一刻犯了一个错误，才没能赢了爱因斯坦抢先出版。

然而，尽管我们都很希望在正式发布声明前对研究结果保密，但我们也期望受公共资金资助的科学家们可以诚实，在保守秘密和撒谎之间应该有一条明确的界线。然而，在整个过程中，想对这一发现保密的想法一开始就很糟糕，后来变得更糟。就在这一发现一周后，LIGO 媒体发言人向合作人员发布了如何处理外界询问的指示，包括一些问题，比如："我们听说你们已经向天文学家发出了引力波触发信号的消息，是这样的吗？"模板答案中包含了一个完全误导性的回答，"我们在上一次工程运行中一直在与天文学家沟通。"然而，实际上并没有这样做。

尽管有人试图掩盖真相，但由于项目涉及人员众多，几乎不可能做到完全保密。早在 9 月 25 日，物理学家和科学传播者劳伦斯·克劳斯（Lawrence Krauss）就在推特上发布了一条关于"引力波探测的谣言"的推文。但总的说来，由于 LIGO 公关公司广泛传播了这可能只是又一次"盲注"的说法，所以推文并没有引起媒体很大的兴趣。

在调查小组准备公开的这段时间里，还发现了另外两起事件，所以保密行动更加困难了。在 12 月 26 日，研究人员探测到了相当强的信号，而在 10 月 12 日探测到的信号又太弱而无法确定，最终只有 80% 的机会能确定是真正的信号。尽管研究团队在公布 9 月 14 日的发现时就知道了这些事情，而且这两起事件证明了第一次检测更加真实可靠，但团队仍然对新的发现保密。尽管在宣布第一个发现之前坚持对其保密是有道理的，但是如果觉得这样做是有必要的似乎又有些奇怪。

随着宣布发现的日子一天天临近，越来越多的谣言开始在社交媒体上传播，其中有一些还被主流媒体报道。团队开始担心要如何才能提醒传统天文学家注意 12 月 26 日的事件。通常的方法是在大型共享数据库中标记所有可能探测到信号的事件。虽然通过使用其他的机制可以避免 9 月事件的发生，但这种机制并不能经常运行。实际上，为了避免这次探测变得如此明显，为天文学家提供的信息是伪造的。

即使在宣布 2015 年 9 月的事件时，这种欺骗行为仍在继续。截至 2016 年 2 月 11 日的新闻发布会，LIGO 合作组织的成员清楚地知道在最近的数据中有一个确定的和一个可能的事件，但官方的说法是他们不能对观察运行发表评论，因为其数据尚未被分析。最后，尽管将检测数据视为联盟的财产是公平的，但这种欺骗行为持续到如此地步是不幸的。

爱因斯坦是对的，还是错的？

2016 年 2 月，当这一消息最终公之于众时，它在各大报纸的头版上被大肆报道宣传，引起了世界范围内对这一发现短暂但强烈的兴趣。然而，引力波探测并没有像 2012 年欧洲核子研究中心对于希格斯玻色子的发现那样，引起同样热烈的公众响应。因为似乎大多数媒体误解了 LIGO 的工作内容和它的意义，所以这一发现还饱受争议。媒体大肆宣扬爱因斯坦的推测是对的，然而从技术上说这是不正确的，也未能揭示该发现的重要意义。

虽然这一发现确实证实了广义相对论和爱因斯坦关于引力波存在的预测，但这两点本身就没有任何真正的疑问。广义相对论已经通过各种方式得到了多次证实，卫星导航的日常技术仍然依赖于它来进行修正。赫尔斯和泰勒在 20 世纪 70 年代对中子星双星的观测为引力波的存在提供了证据。如果说是什么原因导致了这样的局面，那么就是新闻媒体颠倒了事实，因为爱因斯坦实际预测引力波是不会被探测到的，而这个发现反而证明了他不是完全正确的，但大多数新闻报道忽略了这个探测更大的意义：这是自望远镜发明以来天文学观测方式第一次发生重大改变。

的确，自 16 世纪末望远镜被发明以来，望远镜的应用有了很大的发展（但没有人确切知道它们是何时被首次使用的，或者是由谁使用的）。从无线电到伽马射线，它们的观测光谱范围被大大扩展了。但是所有的望远镜都依赖光来观察宇宙。相比之下，LIGO 使用了一种完全不同的波来观察一些以前从未被观察到的事物。

以 9 月 15 日的事件为例。事实证明，实际情况与模型中对两个黑洞行为的预测非常吻合：由于轨道正在衰减，两个黑洞正在螺旋接近。这两个质量分别为 36 个和 29 个太阳质量的天体的融合产生了一种振动，这种振动以引力波的形式释放了大约三个太阳质量的能量，然后当它们落入一个更大的黑洞中时，这种振动将迅速“衰减”。这些波以光速从 14 亿光年以外的遥远星系开始传播，大约在 5 万年前到达银河系，当时还没有任何人类历史的记录。2015 年 9 月 14 日，它们首次撞击南极附近的某个地方，在穿过地球以后被汉福德和利文斯顿的探测器记录下来。

这远不止“证明爱因斯坦是对的”这么简单，这是一个天文学全新的分支正在被建立起来。未来，它可能会带来更多的发现，并有能力检验迄今为止都无法被证实或否认的理论。

9

展望未来

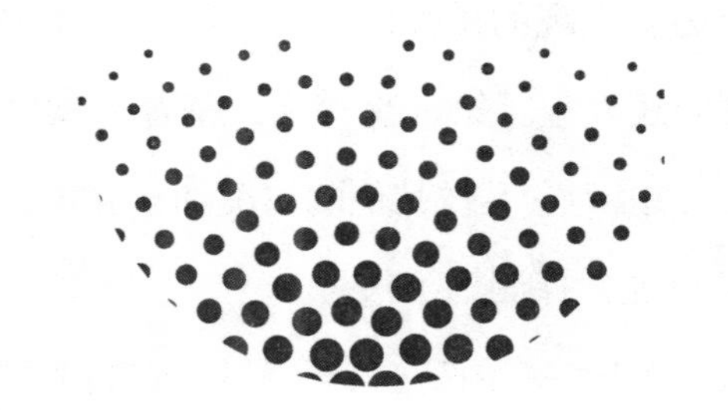

►►►

2015 年的 LIGO 事件始于偶然，但我们了解宇宙的方式发生了根本的转变。然而一切仅仅是开始。LIGO 自 2016 年 11 月 30 日以来第二次与德国的 GEO600 探测器联合运行。目前 LIGO 与其伙伴站点的合作只是引力波天文学的开始。

进一步检测

在我撰写本书时（2017 年 10 月），已有约 5.8 次对引力波的探测。2015 年有两次最可靠的探测：第一次是 9 月的探测事件，这仍然是迄今为止发现的最强的信号，第二次是 12 月 26 日的探测事件。这期间还发生了第三次探测，基普·索恩称这起事件为“0.8 次探测”，因为它不像其他的情况那么确定，但现在确实被认为有 80% 的可能性探测到了信号。

2017 年 6 月 1 日宣布的第三个重大发现实际上可以追溯到同年 1 月 4 日。像之前所有的观测一样，这似乎是一对旋进黑洞，它们合并发出的引力波信号被记录了下来。最新一次的观测巧妙地填补了其他两次合并之间的空白。第一次合并后产生了一个质量约为太阳 62 倍的黑洞，而 12 月 26 日产生的黑洞要小得多，大约是太阳质量的 21 倍。新观测到的黑洞质量约为太阳质量的 49 倍。

和往常一样，在2017年6月宣布的发现中，两个观测站检测到的信号之间有一个微小的延迟，受到波激发方向的影响，信号到达汉福德观测台的时间比到达利文斯顿观测台的时间早3毫秒左右。汉诺威马克斯·普朗克引力物理研究所的主任布鲁斯·艾伦评论道：“根据另一个类似的发现，我们意识到高质量双黑洞的出现概率比一年多前我们认为的情况要高得多，我们仍然还有很多东西要学，但这的确是引力波天体物理学新时代激动人心的时刻！”

两个原始质量分别约为31个和19个太阳质量的黑洞的合并发生在距地球约为30亿光年的地方，大约是2015年9月最初探测到的距离[1]的两倍。这有点运气的成分，因为汉福德观测台的自动化系统在寻找信号时设置并不准确，但汉诺威的博士后研究员亚历山大·尼茨（Alexander Nitz）人工检查了待选信号，从利文斯顿的数据中找出了这个事件，并在汉福德的数据中找到了相应的事件。

截至2017年10月，在2017年8月25日结束观测运行之前的数据中，有5个可能具有重要意义的备选信号。第一个需要确认的是第四次黑洞合并，为此增加了VIRGO天文台进行更精确的

1 该事件的距离计算是根据震源处波的预期强度与地球上接收到的强度对比得出的。

三向观测。10月中旬，人类第一次探测到中子星碰撞产生的两分钟长的特殊信号。从射电到伽马射线暴，传统天文学都印证了这一点。

第三次观测运行将于2018年底开始，这一次设备的灵敏度更高。

什么洞？

黑洞在文化意识中有着独特的地位，“黑洞”一词已经成了神秘无底洞的代名词（“金融学中也有一个黑洞”），从《黑洞》等科幻电影的描绘中，我们对黑洞已经有了一个奇怪的、扭曲的看法。这个术语现在已经很常见了，以至本书中一直提及黑洞，却没有解释什么是黑洞。但对黑洞这样非同寻常的天体进行深入的研究非常重要，因为在2015年LIGO进行直接观测之前，据我们所知它们只可能存在于科幻小说中。

黑洞这个概念从无到有、从默默无闻到广为人知，要归功于科幻小说，以至于许多人以为它就是现实的一部分。以太空中的虫洞为例，它像黑洞一样，都是基于广义相对论的假设结构。虫洞，也被称为爱因斯坦-罗森桥，是连接时空的两个点，它们在普通空间中可以被分得很远。但是如果能穿过虫洞，旅行者几乎可以瞬间从一个点到达另一个点。

在小说中，虫洞的概念一次又一次地出现，作为一种超远距离星际旅行的方式，它却并不比光速快，并且作为一个耐人寻味的理论模型，物理学家们已经对其进行了细致的探索。但应该注意的是，从来没有人见过或做出过虫洞，也没有任何证据表明太空中存在真正的虫洞。

理论上对虫洞构造的想象是，它是一个连接黑洞（稍后会有更多的解释）和白洞的结构。白洞实际上是一个反黑洞。没有东西可以从黑洞里出来，那就没有东西可以进入白洞。即使这样的构造在理论上可能存在，我们知道，如果你确实有一个虫洞，并试图穿过它，它也会立即坍塌。只有当你有足够多的其他假想构造，即负能量，它才能保持开放。

令人惊讶的是，在很长一段时间内，黑洞占据了与虫洞相似的理论地位，尽管它们有着更长的历史。因为早在广义相对论出现之前，黑洞就在概念上被“发明”了，它们存在的可能性是从广义理论推导出来的第一个含义之一，尽管没有人（当然不是爱因斯坦）认真对待这一点。

人类首次提出关于黑洞（或当时称为的暗星）是如何存在的问题不是在 20 世纪初，而是在 18 世纪。1724 年出生的英国天文学家约翰・米歇尔（John Michell）在当时就意识到，如果恒星的逃逸速度足够快，光就永远不会逃逸。在地球上，逃逸速度约为

11.25 千米每秒，如果我把一个球扔得比这个速度慢，那它就会掉回到地面上。如果抛出它的速度比逃逸速度快，那么它就会逃脱地球的引力场。因此，如果一颗恒星质量太大，逃逸速度高于光速，米歇尔认为光就无法逃逸，恒星就会变暗。

这只是没有任何理论基础的大胆猜测，但在 1916 年，即在爱因斯坦发表广义相对论方程式的一年以后，德国物理学家卡尔·施瓦茨希尔德（Karl Schwarzschild）提出了一个在非旋转球体的特殊情况下，这些方程式的解即是恒星的简化模型。当时，施瓦茨希尔德正置身于第一次世界大战的鏖战之中，但那并不妨碍他从恐惧中抽身出来思考这些复杂的数学问题。他从恒星模型中发现了一件有趣的事，就是这个模型可能存在一个特殊的极限尺寸，现在人们称之为施瓦茨希尔德半径，即 $2GM/c^2$，其中 G 是牛顿的引力常数，M 是黑洞的质量，c 是光速。

如果一颗恒星的质量位于施瓦茨希尔德半径内，那么从其中心到球边的距离将形成一种奇怪的球形边界，称为视界线。这是一个无法返回的临界点，在视界线内的所有物质（包括光）都永远无法逃脱。当时，没有人想到这真的会发生，因为就任何质量的恒星而言，它们的半径都比施瓦茨希尔德半径大得多，但从理论上说，这是一个有趣的奇怪现象。

直到量子理论不断发展，物理学家对恒星如何运作有了更好的理解，人们才意识到恒星经历了一个进化的生命周期，随着较轻的元素熔合成为较重的元素，恒星的生命周期才会发生变化。在某些情况下，恒星在生命的尽头似乎可以形成一颗中子星，或者说如果引力足够强就可以克服最后的阻力，即泡利不相容原理。一旦发生了这种情况，在重力作用下坍塌就不可避免，由此产生的“奇点”没有维度，所以也就可以无限致密，这表明当时的（以及现在，就此而言）的物理学无法准确地描述实际发生的情况。

施瓦茨希尔德的名字恰好意为“黑盾”，他没有把这颗假想的星体称为黑洞。事实上，我们不知道是谁最开始这样叫的。美国物理学家约翰·惠勒（John Wheeler）是基普·索恩年轻时的导师，他在 1967 年第一次使用这个术语时推广了它，但其实在 1964 年美国科学促进协会的一次会议上，一位不知名的评论员已经使用了这个术语。不管是谁给黑洞起的名字，当人们开始研究引力波时，黑洞在物理学界仍然是一个有争议的，甚至很可能是虚构的概念。

随着时间的推移，人们投入了更大的精力来建立描述黑洞行为的数学模型。这些模型直接导致后来全新的物理研究领域的兴起，比如其中最著名的理论家史蒂芬·霍金（Stephen Hawking）的研究，他发展了黑洞与物质、虚拟粒子、光等相互作用方式的复杂概念。其中，有一种有趣的猜测是，如果一个人掉进黑洞，他（她）将会经历什么？这就引入了“意大利面化”一词，意指在强的引力场中，由于潮汐力作用引起身体拉伸变形。由于奇点无限大，一些人甚至认为黑洞可能是通向另一个宇宙的大门，尽管人们还不清楚旅行者是如何出现的。

一直以来，尽管数学构造对研究人员来说很有吸引力，但黑洞也可能只是纯粹的幻想。令人惊讶的是，现代物理学更多的是创造细致的数学模型，而不是观察现实，而且目前还没有直接证实黑洞的存在，但渐渐地开始出现间接证据。根据定义，黑洞不是你能在天空中看到的那种恒星，因为没有光从中发出。但是如果黑洞真的存在，那么它会对周围的物质产生影响。

需要强调的是，这种效果一点也不像蹩脚的科幻小说中展示的“超级真空吸尘器”那样。如果你在一颗恒星变成黑洞的时候绕着它旋转，并且设法避开碎片和辐射，你就会继续沿着稳定的轨道前进。在离塌缩恒星中心的任何距离处它的引力都不会比黑洞形成前大。然而，最大的区别是，你现在可以离恒星更近，因为同样数量的质量会被压缩成更小的体积（理论上是无限小的体积，但从观察者的角度来看，黑洞的无形“表面”就是它的视界线）。

当靠近黑洞时，这种强大的拉力意味着任何冒险靠近视界线的气体和尘埃都将朝着黑洞急剧加速。这种加速度在视界线附近会非常大，以至于当尘埃和气体向里面坠落时会发出难以置信的明亮光芒，释放出高能光。因此，尽管黑洞本身是看不见的，但我们希望能看到它对周围环境的影响。随着望远镜设备越来越好，人们能找出大量的例子来证明这样的情况正在发生。

在某些情况下，可以看到的是正在坠落物体周围的物质。在另一些情况下，疑似黑洞似乎正在剥离一颗近轨道双星的外层。在星系的中心，包括银河系，似乎有质量是太阳数百万倍的巨大黑洞。甚至有人认为，这些超大质量的黑洞实际上是形成星系的种子。

直到 LIGO 开始运作的时候，人们已经投入了大量的精力来预测假想黑洞的行为，并且已经对这些非同寻常的天体可能产生的影响进行了观察。这就是为什么 LIGO 的探测结果如此特殊的原因之一。这种全新的天文学意味着我们可以直接探测到从宇宙中最神秘和迷人的实体之一发出的波，这是第一次有可能直接探测到黑洞。

黑洞财富

在探测的时候，虽然有很多黑洞双星（成对的相互绕轨道运行的黑洞）相互环绕的模拟数据，但还不确定是否可以观察到任何这样的碰撞。这是因为黑洞在爆炸之前会有大量的动量慢慢丧失，只有在最后的几秒钟才会释放出足以被探测到的引力波。有些人甚至认为宇宙还太年轻，任何一对黑洞都无法达到这种状态。但现在，这种可能性可以被排除，因为现在至少已经探测到四对这样的共生双黑洞，似乎比最初预期的要常见得多。

要理解双黑洞系统就要知道它们最初是如何形成的。黑洞是巨大恒星坍塌后形成的，在宇宙的时间长河中，两个严重衰变的黑洞要形成双黑洞系统，两个黑洞之间的最大距离不能超过 3 000 万千米，约为日地距离的 1/5。但黑洞形成前恒星的半径又远远大于这个距离，意味着两颗恒星是连体的，而这又是不可能的。

我们仍然不确定这些黑洞双星是如何形成的，但是伯明翰大学的引力波小组提出了一个机制，可能会解决大家的疑问。他们认为，一对巨大恒星最初是围绕彼此旋转的，它们之间的距离比黑洞最终形成的距离远得多。在恒星生命的后期，当它们的体积膨胀时，物质会在恒星之间流动，这一过程被称为质量转移。伯明翰小组提出，如果这种物质在两颗恒星周围形成一个大的氢包层，它可能会被吹走，把现在小得多的恒星吹得更近，从而开始了数十亿年后黑洞合并的过程。为了使这一过程发挥作用，恒星必须几乎完全由氢和氦组成，也就是说它们是大爆炸后的第一代恒星。

LIGO 的初步观测使我们对黑洞的存在有了更多的信心，这本身就是向前迈出的一大步，但未来的观测让我们有可能来检验多年来关于黑洞的大量理论，其中一些理论直到现在都纯粹是假设性的，只是一种有趣的推测而已，因为人们认为如果不到达许多光年以外的黑洞，就永远无法验证。

例如，LISA（见下文）应该能够利用一个小黑洞绕着一个超大质量黑洞旋转产生的波，第一次绘制出更大黑洞的时空几何图形，以观察这样一个致密天体对时空的影响是否与理论的预测相匹配。另一种可能性是确认或排除一种替代传统黑洞结构的被称为裸奇点的理论。如果一颗恒星绕着一个裸奇点运行，那么所产生的模式将与恒星绕着一个常规黑洞运行时的情况明显不同。从数学意义上来说，裸奇点的轨道是混沌的，因此，如果裸奇点存在，追踪它的轨道就有可能将它们与传统的黑洞区分开来。

如果裸奇点被发现，它将对我们对广义相对论的理解产生重大影响，一些理论将需要进行重大修改。因为迄今为止对裸奇点的预测都是在五维或五维以上宇宙模型中得出的，所以它极有可能并不存在。但在2017年，剑桥大学应用数学和理论物理系的物理学家们找到了一种理论方法，让裸奇点存在于像我们这样的传统四维宇宙中（三个空间维度加一个时间维度），然而，没有人对此表示期待，因为当前的理论表明，这样的奇点不可能存在于一个像现在这样有带电粒子的宇宙中。

跨越世界

如果 LIGO 要从 2015 年的配置升级到下一个更高级的版本，那必须要面对一个重大挑战：即不能再忽视量子力学。当我们研究微观物质，如原子的行为时，量子物理学绝对占据着主导地位。量子理论的一个基本理论是，一个量子体的性质是基于概率的，只有当该物体与其他物体有直接的相互作用时，才具有特定的值。例如，在被测量之前，一个量子粒子并没有精确的位置，它有一定程度的不确定性。这种不确定性可以精确地计算出来，但我们不能确切地说出这个粒子的位置。

从 LIGO 到 LIGO 升级版的各种版本中使用的测量值都足够大，因此，不必过于担心固体中粒子的量子行为，因为固体中的粒子比气体中的粒子受到更多约束。然而，预计几年之后，随着设备的再一次升级，物理学家将需要考虑到在反射镜反射过程中吸收和再发射光子的原子位置的不确定性。这意味着无法准确计算反射镜之间的距离。这并不会直接导致项目的失败，因为不确定性可以在计算中得到解释，但是实验者必须在他们的模型中构建这种不确定性。该机制被命名为“量子非破坏性测量”，通过测量两种不同的属性并消除来自量子不确定性的共同元素，可以有效地消除量子误差。

随着系统灵敏度的提高，这意味着 LIGO 既可以看到更远的地方，也可以探测到能量更低的引力波，那么估计探测信号的数量将显著增加。在撰写本书时，LIGO 正在每隔一个月探测一次可能的黑洞合并事件。但当该系统达到其完全的设计灵敏度时，它应该能够看到比目前远三倍的距离。这意味着它能观测更多的宇宙现象：预计每周将检测到几个黑洞合并事件。

随着检测灵敏度的提高，预计 LIGO 还能观测到其他类型的信号源，比如，脉冲星、黑洞双星、中子星，以及中子星双星。同时，也有可能探测到爆炸的超新星产生的引力波，尽管这种情况相对较少。与中子星碰撞一样，利用引力波进行基于光的探测也完全有可能，这样便可以捕捉更多的信息，并确认用于识别事件的计算机模型的有效性。

为了与更传统的天文学有实际联系，引力波天文学家必须对引力波的产生方向有一个很好的把握。虽然汉福德观测站和利文斯顿观测站之间的距离足以给出一定程度的方向性信息，但也仅限于这两个观测站的探测，对于波源的纬度无法精确定位。例如，2015 年的第一个信号可能来源于南极上空和南美洲上空之间的任何地方。

这就是需要其他天文台加入的原因，一个全球性的探测器网络使我们能够更准确地确定引力波的来源。就像卫星导航系统是通过几颗全球定位系统卫星信号到达它的时间差来精确定位一样，通过比较引力波到达观测站网络的时间，就有可能进行定位。意大利比萨附近的高级版 VIRGO 探测器率先加入了该网络系统，并于 2017 年投入使用。第三个 LIGO 观测站最初是为澳大利亚设计的，但由于资金问题改设在印度，目前也已准备就绪，不过至少要到 2020 年才能投入使用。最后，一个重要的新型日本引力波观测站正在神冈矿综合体建造，那里已经有一个重要的中微子探测器。这些观测器将一起合作，使人们能够更清楚地确定引力波源的位置。

LISA 发布

LIGO 已经进行了一系列的探测，随着其他探测器被添加到网络系统中，它可能会取得更多的重大发现。此外，大家还设想了 LIGO 的另一个增强版本，称为 LIGO A+，预计到 2023 年，双星黑洞的探测率可以达到每天 5 个。到 2028 年，就可以安装 LIGO Voyager（LIGO 系统的一个主要升级版），每小时可以探测到几个双星黑洞。此外，人们还谈到了 2030 年代的未来天文台，比如拥有 40 千米长臂的 LIGO Voyager，它几乎能够看到宇宙中所有低于 1000 倍太阳质量的黑洞的合并。

然而，LIGO 式地面天文台始终有其局限性。这类仪器甚至完全有可能永远探测不到任何东西，实际上早在 LIGO 于 2015 年取得成功之前就有人提议可以迈出更大的一步，将引力波天文台移入太空。

卫星是望远镜的理想之家。几乎每个人都看过哈勃太空望远镜（Hubble Space Telescope）拍摄的令人惊叹的照片。与地球上的望远镜相比，哈勃并没有什么特别之处。它的反射镜宽 2.4 米（约 95 英寸），与 20 世纪中叶最大的望远镜——帕洛马山的 5.1 米（约 200 英寸）直径的望远镜相比，它只是个小儿科罢了。与此同时，当今世界上最大的独立望远镜——加那利大型望远镜（Gran Telescopio Canarias）有一个大得多的 10.4 米（约 409 英寸）的直径。但哈勃望远镜的出现是有原因的。

把你的天文台移到太空中，你的望远镜就会远离与人类和大气层共享的地球所形成的干扰。对于光学望远镜来说，主要的问题是来自城市的光污染和光子被空气分子散射。正如我们所看到的那样，引力波望远镜尤其受到人类及其技术以及自然原因引起的振动的干扰。在太空中，可以完全排除这些干扰。

这意味着，在太空中运行的类似 LIGO 的装置将在没有干扰的情况下工作，这就避免了许多需要处理的错误读数。除此之外，还有另一个好处，LIGO 的灵敏度受干涉仪臂长的限制，现在的仪器臂长大约是 4 千米，但在太空中没有必要再使用真空管，因为太空已经是真空了，这意味着干涉仪臂长可以更长。

LISA（激光干涉仪空间天线）的最初概念可以追溯到20世纪90年代初，当时人们希望它能在2010年之前就投入使用。LISA由3个置于边长为上百万千米的三角形的三个顶点上的探测器组成，三者之间两两形成相距上百万千米的干涉臂，其灵敏度比LIGO的高得多。但在没有直接证据表明存在引力波时，有些人不愿意将大量空间探索预算用于搜索引力波，这其实并不意外。

与LIGO这样的地面天文台不同，LISA将有机会探测整个天空。LISA不像大多数卫星那样绕地球运行而是在绕太阳运行，沿着地球的轨道运行5 000万到6 500万千米，大约是月球与地球距离的125倍。人们希望LISA至少能运行四年，如果一切顺利，可以将这个设计期限延长到十年。LISA的干涉仪“臂”要长得多，所以能够处理比LIGO探测到的频率低得多的引力波，其频率范围在0.001赫兹到0.1赫兹之间（每秒波纹数）。

这将使LISA能够探测来自质量大得多的黑洞的波，探索它们在星系形成中的作用，并利用这些巨大黑洞与其他天体的相互作用来发现更多关于黑洞视界线的信息，并检验黑洞理论。它还能够在小黑洞合并前一周预测它们的合并，因为最初的探测频率很低，所以地面探测器和光学望远镜可以探测到即将发生的情况。LISA将能够探测到太弱而无法被地球系统接收到的波源，例如白矮星双星围绕彼此运行产生的引力波。LISA的探测建议表明，它最多可以识别和研究多达 25 000 个独立的双星事件，因此人们不可避免地会期待发现一些全新的、完全出乎意料的东西。

LISA 最初是欧洲航天局（ESA）和美国国家航空航天局（NASA）的合作项目，但在 2011 年，由于受到严重的资金限制，NASA 退出了该项目。最初，ESA 看起来可能会选择缩小版，即新引力波天文台，但在 LIGO 的发现后人们对引力波又有了新的兴趣，2017 年初 ESA 提出了一个改进版的 LISA，即拥有 250 万千米“臂”长的干涉仪，并在撰写本书时该项目刚刚接受了新的投资。此前，LISA 探路者号（LISA Pathfinder）于 2015 年进行了测试发射，这是一颗拥有 38 厘米（约 15 英寸）干涉仪臂的卫星，而且其性能也已经超出预期。

2015 年在 LIGO 的观测和随后的检测事件后，几乎一切都改变了。LISA 最初的提议是在引力波被探测到之前提出的，因此前景不明，但我们现在知道探测是可能的，即使像 LIGO 这样低灵敏度的天文台都能探测到那么多的事件，那么有了 LISA 的性能，引力波天文学将真正走向成熟。

但这并不会很快发生。LISA 的卫星目前定于 2034 年发射，另外还需要一年的时间来激活 LISA，而且故障也是不可避免的。但是现在已知的引力波探测是可行的，所以大家有了更大的决心。

引力通道

将来引力波探测天文台可能有不同的波段，就像光学望远镜一样可以在射电、红外线、可见光、紫外线、X 射线和伽马射线等不同的频率范围内工作，与之类似，引力波天文学中的波段是基于引力波的频率范围。LIGO 专注于频率在 10 赫兹左右的波，每个波的周期大约 1 毫秒到 100 毫秒。LISA 将探测周期为几分钟到几小时的引力波，这些波是黑洞合并和其他广泛的波源产生的。

另一种探测方法叫作脉冲星计时阵列，射电天文学家监测由一组脉冲星自旋产生的频率。当引力波穿过地球时，这些脉冲信号到达地球的时间与预期相比会发生细微变化，因此，这种变化的模式可以被用来探测引力波。这种方法可以处理周期从几年到几十年的引力波。

最后一种可能性是在 BICEP 2 中尝试的技术：如果这项技术能得到有效利用，那么就可以通过宇宙微波背景的偏振变化来探测百万年至数十亿年周期的引力波。

为了推进这些探测工作，就需要投入更多的资金。这难免会引出这样一个问题：我们如何能够证明在这个项目上花费这么多钱是合理的呢？所谓“大科学”的意义何在？

大科学的作用何在?

每当科学家提出像LIGO这样的大型项目时，人们就会对其投入的经费产生疑问。如果一个项目耗资10亿美元或更多，负责支付账单的纳税人就有理由问："我的钱花得值不值？这些钱能花在更有用的东西上吗？"

当资金紧张时，纯粹的科学研究项目总是面临着挑战。政府往往试图把开支集中在有实际成果的科学工作上。然而，问题是我们很少事先知道一个纯粹的研究项目的实际意义是什么。

举个例子，量子物理是关于电子、原子和光子等微小粒子的特殊运动的模糊且抽象的理论。当量子理论在20世纪早期发展时，没有人会问："它是用来做什么的？"它研究的是物质世界微观粒子的运动规律，随着研究的开展，这项工作带来了巨大的好处。量子理论促进了现代固态电子学的发展。据估计，发达国家国内生产总值的35%都依赖于量子技术，主要是电子技术，但人们起先并没有预料到会有这样的结果。

在量子物理研究早期，大科学几乎闻所未闻。可以说，第一个真正的大科学项目是第二次世界大战期间开发核武器的曼哈顿计划。这当然是由具体目标驱动的，然而从那时起，一些极其昂贵的项目如大型强子对撞机、LIGO和各种空间科学的发展，都提高了科学支出的界限。这些努力往往是关于发现新的观察宇宙的方式。

就像艺术一样，我们应该证明这种基础研究是有理由的，因为它能使我们的生活变得更好。如果我们渴望了解更多关于宇宙的知识，我们就应该付出努力和金钱来支撑这一驱动力。在第二次世界大战期间，温斯顿・丘吉尔（Winston Churchill）被要求减少对艺术的资助以支持战争的投入，他反问道："那么我们为什么而战？"丘吉尔当然认为艺术是必不可少的，并在战前就这么说过，但他似乎从未发表过这一声明。然而，这丝毫不会影响人们对艺术的重视。

因此，假设我们在进行基础研究时没有考虑到具体的应用，那么有限的可用资源应该流向哪里也是一个问题。美国超导超级对撞机（SSC）项目报废，就是因为资金转而投向了国际空间站，这使得巴里・巴里什可以去管理 LIGO。长此以往，这肯定对科学不利。例如，人们花了大型强子对撞机十倍的成本建设大规模空间站，没有获得任何重大的科学成果，却不愿意花比大型强子对撞机低得多的成本购买一台更好的设备。

这是个糟糕的选择吗？是，也不是。这是对科学预算的不当使用，但有争议的是，太空探索也是人类生存和发展的一个必要因素，不过它不应该成为科学的竞争对手，这不是为了科学。正如史蒂芬・霍金所说："我们的空间正在耗尽，唯一可以去的地方就是其他星球。现在是探索其他太阳系的时候了。向外扩散是人类自我拯救的唯一方法。我相信人类需要离开地球。”

如果太空旅行由国防预算资助，而不是与科学竞争，那么可能更合适。同时，一些重大科学项目肯定是有意义的，因为它们在我们对宇宙和我们在宇宙中的位置的理解上取得了很大进展。LIGO 像是一场巨大的赌博，但是它得到了回报。我们应该记住，除了改变天文学的未来，它还促成了 16 个国家之间的合作，让超过 1000 人参与其中。然而，最重要的是它让天文学向前迈出了一步，这是自望远镜问世以来的又一重大进步。

天文学的最新进展

如果我们向太空看得足够远，那么传统的光学天文学就会遇到障碍。正如我们所看到的，空间是一种可视化的时间机器。你看得越远，你所看到的时间就越久远，因为光到达我们这里需要时间。例如，当我们看离我们最近的恒星——比邻星时，我们看到的是它大约四年前的样子，而我们看到离我们最近的主要邻近星系——仙女座星系时，大约是它 250 万年前的样子。然而，当我们回到宇宙大爆炸后 38 万年的某一时间点时，我们就什么都看不到了。

因为在那之前宇宙是一团不透明的等离子云，没有光可以通过它。宇宙微波背景是当宇宙变得透明时第一次开始传播的光。但是引力波可以穿过一切，通过引力波，我们应该可以更进一步地看到大爆炸本身。如果理论上的膨胀过程真的发生了，人们希望BICEP 2能提供证据，那么那之前的引力波不太可能幸存下来，因为空间的突然巨大伸展会把它们“熨平”，但是我们应该能够看到随后发生的事情。

这并不是说我们一定不能了解大爆炸产生的波，因为正是这些“原初引力波”可能促成了BICEP 2正在寻找的宇宙微波背景中的偏振过程。但我们将利用间接观测，而不是真正的引力波天文学。

另一种利用引力波的穿透力探索宇宙的理论是将电弱力分裂为电磁力和弱核力[1]。人们认为这两种力最初是统一的，但在膨胀期之后，它们分裂成一个被称为自发对称破缺的相变过程。如果是这样，并且相变是以一种特殊的方式发生的，那么膨胀和碰撞的空间“气泡”可能会产生独特的引力波，现在应该处在LISA天文台能够处理的频率范围内。

---

1 电磁力和弱核力是自然界四种“基本力”中的两种（另两种是强核力和引力）。电磁力负责物质与物质之间以及物质与光之间的相互作用，弱核力则是将核反应中产生的粒子从一种类型转换为另一种类型的力。

就此而言，大爆炸甚至还有一些奇特的理论，比如“弹跳膜”的火宇宙概念，它把我们的宇宙看成是一个三维的膜或更高维度的“膜”，“膜”随着宇宙的膨胀而展开，失去了在这个过程中会产生独特引力波的“皱褶”，因此这种新型天文学甚至可以帮助我们更清楚地了解宇宙的起源。

通过模拟研究卷曲的额外维度对引力波的影响，德国马克斯·普朗克研究所的科学家相信，如果存在这些维度，它们将在引力波中产生一系列在其他情况下看不到的异常高频谐波。它们还应该会微妙地改变引力波通过时空间膨胀和收缩的方式。虽然这样的观测不太可能在短期内完成，但这是这种观察宇宙的新方法的另一个潜在的应用。

黑暗中的光明

在天文学的另一个主要领域暗物质的研究中，引力波技术可能会起到至关重要的作用。宇宙中这种假设物质的数量应该是普通物质的五倍，但是天文学家看不见它，因为如果它存在的话，它不会与光或其他物质产生电磁相互作用。你看不见它，也摸不到它。但是它让人们感觉到它的存在是有引力的，所以引力波天文学还有什么更高的目标呢？

早在20世纪30年代，瑞士天文学家弗里茨·兹维基（Fritz

Zwicky）就注意到了一组彗星群星系的一些神奇现象。就像宇宙中的大多数物体一样，它们在旋转，转得太快时它们就会飞散，而将星系凝聚在一起的正是引力。但即使这些星系有引力，它们还是因为旋转得实在太快而不能集聚在一起。它们会像陶器轮上的黏土一样破碎散开。这意味着还有我们看不到的其他的物质。兹维基在很大程度上被忽视了，但在20世纪70年代，当我们对其他理论有了更进一步的了解后，美国天文学家维拉·鲁宾（Vera Rubin）注意到，像银河系这样的螺旋星系也存在类似的神奇现象。

虽然我们知道星系的构成，但始终无法解释它们为何能一直凝聚在一起。兹维基想象着一定有另一种东西，一种无形的东西在起作用，我们现在称之为暗物质。很长一段时间以来，物理学家一直在寻找一种类似暗物质的粒子，但至今还没有发现。

奇怪的是，他们主要是在寻找一种粒子——因为普通的物质都是由大量不同的粒子组成的，暗物质理应也是如此。甚至有人假设有一个完整的暗物质宇宙，黑暗的太阳发出黑暗的光。但迄今为止，这都是只存在于科幻小说中的，特别是在我们越来越怀疑暗物质可能根本不存在的情况下。

暗物质是解释正在发生的事情的一种可能性，但并不是唯一的可能性。普通物质在大量星系中的行为可能与在普通物体中的行为略有不同。如果是这样，不需要暗物质，我们也能解释大部分的神奇现象。也有人认为，暗物质只是计算普通物质时出现的一个误差，不可避免地，这只是一个近似值。当然，关于这点也是悬而未决的。

如果我们要了解宇宙中正在发生的事情，就必须理解暗物质，就像量子物理学一样，谁知道将来暗物质是否会有实际意义呢？引力波天文学有可能为我们提供进一步探索暗物质性质的工具。根据定义，这是宇宙的一部分，光学天文学对此毫无用处。但是对于引力波天文学家来说，暗物质和其他物质一样真实存在。

如果能够找到大量暗物质，而且它们以产生波的方式运动，那么我们就有可能明确区分暗物质积聚所产生的波和引力理论中的各种引力波的变体，但目前我们还不能做到。一些观测更支持暗物质，另一些则支持修正的牛顿动力学或被误解的统计数据。然而，未来的引力波观测站很可能会确定到底发生了什么，使宇宙看起来比我们迄今所能探测到的要多得多。

不管暗物质最终是否能被观测到，毫无疑问，在面临明显是不可能的困难时，引力波天文学的发展是人类能力的一个显著证明。

人类的胜利

升级版 LIGO 的成功是人类智慧和持久力的真正胜利。几十年来，引力波科学家们坚持建造并改进天文探测器，虽然在研究早期一无所获，然而这并没有阻止 LIGO 联盟在摸索中取得巨大进步，或许更值得注意的是，他们说服了资助机构赞助资金。

当 LIGO 最终在 2015 年有机会探测到引力波时，它正在处理一个系统中的极小的信号，而这时系统必须要忽视来自环境的更大影响。大型强子对撞机可能是世界上最大的实验设备，但似乎 LIGO 的运行才是最复杂的。第一次探测到的信号非常清晰，这是很幸运的，然而，这与直接从事探测器设计和操作的人，以及在全球各地分析数据和开发用于测试信号的理论模型的 1200 人的贡献是分不开的。

我们还应该记住 LIGO 背后的三位关键物理学家雷纳・韦斯、基普・索恩和罗恩・德雷弗的推动力和创造力。这一点在 2017 年 10 月宣布诺贝尔物理学奖将授予引力波探测时得到了正式确认。德雷弗于当年三月不幸去世，虽然这个奖项不能颁发给逝者，但巴里・巴里什最终获得了奖项，以表彰他在扭转项目的不利局面中做出的贡献。

用 LIGO 进行的这种研究可能永远不会有一个有日常应用价值的重大突破，但它将大大提高我们对我们所生活宇宙的理解。

它将极大地促进人类知识的积累。虽然这种对宇宙本质的根本探索对我们的日常生活可能没有实际的价值，但它无疑是一个很好的例子，说明了人类生活不仅仅是为了繁衍和生存。

引力波探测大大地拓宽了我们知识的边界，证实了人类精神的力量。

拓展阅读

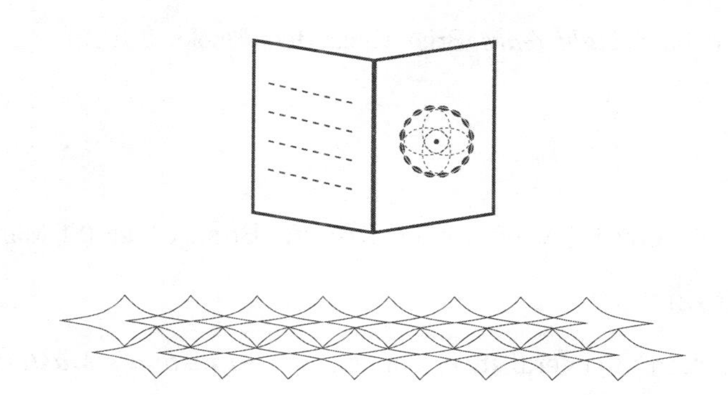

▶▶▶

波

Demonstrations of transverse and longitudinal waves are available on the *Universe Inside You* website.

光

Background on our exploration of the nature of light and the wave/particle debate–*Light Years*, Brian Clegg (Icon Books, 2015).

引力

General overview of gravity–*Gravity*, Brian Clegg (St Martin' s Press, 2012).

Einstein' s general theory of relativity–*Einstein's Masterwork*, John Gribbin (Icon Books, 2015).

Relativity, including gravity' s place in it–*The Reality Frame*, Brian Clegg (Icon Books, 2017).

History of our understanding of gravity and the search for quantum gravity–*The Ascent of Gravity*, Marcus Chown (Weidenfeld & Nicolson, 2017).

Relationship between black holes and the rest of the universe through gravity–*Gravity's Engines*, Caleb Scharf (Allen Lane, 2012).

引力波

Demonstration of the basic types of wave–universeinsideyou.com.

Overview of the search for gravitational waves and the theory behind it–*Discovering Gravitational Waves*, John Gribbin (Kindle Single, 2017).

Overview of the development of interferometer gravitational wave observatories–*Black Hole Blues*, Janna Levin (Vintage, 2017).

引力波发现的社会学研究

Day-by-day diary of the discovery process for the September 2015 event–*Gravity's Kiss*, Harry Collins (MIT Press, 2017).

Study of the two blind injection events–*Gravity's Ghost and Big Dog*, Harry Collins (University of Chicago Press, 2014).

Exploration of the early years of gravitational wave research–*Gravity's Shadow*, Harry Collins (University of Chicago Press, 2004).

致谢

我要感谢英国图标书局（Icon Books）参与出版本系列图书的团队，特别是邓肯·希思（Duncan Heath）、西蒙·弗林（Simon Flynn）、罗伯特·沙曼（Robert Sharman）和安德鲁·弗罗（Andrew Furlow）。在写这本书的过程中，我得到了迈克尔·兰德里（Michael Landry）和 LIGO，以及欧洲航天局（ESA）和马克斯·普朗克研究所（Max Planck Institute）的大力支持。我要特别感谢基普·索恩（Kip Thorne）在剑桥大学应用数学和理论物理系安德鲁·钱布林纪念讲座（Andrew Chamblin Memorial Lecture）所做的精彩而翔实的报告。

图书在版编目（CIP）数据

引力波：探索宇宙奥秘的时空涟漪 / (英) 布赖恩·克莱格（Brian Clegg）著；李琳译. -- 重庆：重庆大学出版社, 2020.9

（微百科系列. 第二季）

书名原文: Gravitational Waves: How Einstein's Spacetime Ripples Reveal the Secrets of the Universe

ISBN 978-7-5689-2340-8

Ⅰ. ①引… Ⅱ. ①布… ②李… Ⅲ. ①引力波—研究 Ⅳ. ①P142.8

中国版本图书馆CIP数据核字（2020）第129822号

引力波：探索宇宙奥秘的时空涟漪

YINLIBO:TANSUO YUZHOU AOMI DE SHIKONG LIANYI

［英］布赖恩·克莱格（Brian Clegg） 著

李 琳 译

懒蚂蚁策划人：王 斌

策划编辑：王 斌

责任编辑：王 斌 装帧设计：原豆文化

责任校对：关德强 责任印制：赵 晟

*

重庆大学出版社出版发行

出版人：饶帮华

社址：重庆市沙坪坝区大学城西路21号

邮编：401331

电话：（023）88617190 88617185（中小学）

传真：（023）88617186 88617166

网址：http://www.cqup.com.cn

邮箱：fxk@cqup.com.cn（营销中心）

全国新华书店经销

重庆市正前方彩色印刷有限公司印刷

*

开本：890mm × 1240mm 1/32 印张：5.5 字数：104千

2020年9月第1版 2020年9月第1次印刷

ISBN 978-7-5689-2340-8 定价：46.00元

版贸核渝字（2019）第 045 号